王璟珉　著

公地的
悲剧
?

TRAGEDY
OF
THE
COMMONS

气候变化问题的
认知比较研究

The Comparative Research on the Recognition
of Global Climate Change

社会科学文献出版社
SOCIAL SCIENCES ACADEMIC PRESS (CHINA)

序

记得是 2011 年在一次省里的颁奖典礼上见到了王老师，她就和我挨着坐，当时的印象，她是个充满朝气、热情亲和的年轻学者，攀谈中了解到她在做气候变化方面的社会科学研究，于是我随后给她寄去了自己的两本有关生态美学的书作，希望能加强交流，对她的研究有所助益。就这样，和王老师熟稔了起来。

前不久收到了她的书稿，并邀我为书作序，恰逢联合国气候变化大会华沙会议的召开，了解到此次大会和前几次的效果雷同，没有取得令国际社会满意的进展：既没能促进各国更为积极的减排动力，也没有产生足够有利的资金承诺。国际气候谈判又一次陷入僵局，为通往 2015 年巴黎气候大会埋下了不少隐患。当时我也在思索这一系列国际谈判中的问题，兴趣正浓，获此机会拜读了王老师的书稿，从中受到了不少启发。

我是研究生态美学的，环境经济等方向并非专长，但这本书读下来，感觉它算是交叉学科中一部有趣的学术作品——它追根溯源，并非从指导解决全球气候变化问题的现有机制来探寻解决方案，而是从机制建立的认知基础上寻找答案，对被人们普遍接受的"气候变化问题是'公地的悲剧'"这一认识提出了质疑。旨在缓解全球变暖的唯一具有约束力的《京都议定书》正是建立在该认知基础上，提出的解决方案也是解决"公地的悲剧"的方案。作者并不仅限于指出该问题，还指出将这种起初没有得到充分论证的说法通过宣传报道，久而久之被广泛接受为事实，甚至是公理的现象，概括为"冥王星现象"。这一概念的归纳和提出不仅便于人们对气候变化问题的再审视，还可以被应用到其他领域，去理解更多相似的疑难问题。

确立了全球气候变化问题并非"公地的悲剧"这一观点后，该书又建立了一个认知比较框架，对"公地的悲剧"和气候变化问题在基本假定、预期影响和解决方案三大方面八个特点上的差异做了深入的比较分析，从而使观点更具说服力和可信性。

希望读者通过对该书的阅读，能够和我一样进一步扩大思考空间，对气候变化问题本身以及解决气候变化问题的方式进行再审视。毕竟只有把问题认识清楚，提出相应的解决方案才能真正收到对症下药的功效，这样的方案才能是有效的解决方案，否则不但解决不好问题，还会让问题看上去更加复杂。

最后，也怀揣着对年轻学者的祝福，希望王老师在此研究基础上进一步深入，对到底如何认识气候变化问题形成更为系统和科学的理论体系，并能助力于气候变化问题的现实应对。

常修泽

2013 年 12 月 1 日

摘　要

　　1968 年哈丁提出了"公地的悲剧"（Tragedy of the Commons）的重要观点。该观点一经问世，就受到了人们的普遍关注，并成为人们认识诸多具有稀缺性特征的环境和资源问题的理论依据。当时间追溯到 20 世纪八九十年代，全球气候变化问题也被当作"公地的悲剧"来看待，人们以此为基础对如何缓解全球气候变化展开了讨论。然而，本书认为"全球气候变化是'公地的悲剧'"这一论断是一种没有经过充分验证就被默认为事实并在集体无意识的状态下被广泛认同的错误观点，这可以被概括为一种现象，即"冥王星现象"。正是在对问题本质的认知上出现了错误，从而导致了目前在缓解全球气候变化上的政策措施的低效。

　　作为唯一一部旨在减缓全球气候变化的国际协议，《京都议定书》从 1997 年得到缔约国的一致通过，到如今已经经历了十几年，但仍然没有取得预期的效果，即便是其中态度积极的欧盟成员国，也感到实现议定书规定的减排目标非常困难，更不用说中途退出的美国和加拿大了。本书认为，国际协议的失效当然有其机制设计上的缺陷，例如实施成本过高、约束力较差等，但归根结底造成协议出现种种缺陷的原因是它建立在错误的认识之上，即全球气候变化是"公地的悲剧"。因此，对关于全球气候变化问题的这种认识进行进一步检验、修正与完善是认清该问题的本质和找到更加有效的解决办法的根本途径。这就需要对全球气候变化与"公地的悲剧"同时进行解构，并在解构后的认知比较框架中对两者的差异进行分析探讨。

全球气候变化和"公地的悲剧"在问题的基本假定、预期影响和解决方案的认识上都表现出了明显的差异，它们在这三方面组成的认知框架下具有八个不同的特点。从对问题的基本假定的认识上看，全球气候变化完全不同于"公地的悲剧"，它探讨的是一种典型的根本不确定性问题；影响气候变化的因素也不是单一的，而是包括人为和自然的多种因素在内，且它们彼此还具有相互作用的特点，这造成了影响因素的复杂性；但应该承认科学技术的积极作用，尤其是清洁技术的发展潜力，使得技术解决方案存在可能。

在对预期影响的认识上，全球气候变化也与"公地的悲剧"有明显差异。它造成的全球毁灭性悲剧并非是注定的，对于每一个个体来说短期并非利益均摊、风险共担，长期即便有负面影响，其危害程度和适应能力也各不相同。通过分析发现这种差异性的影响导致国际上六大利益群体的形成，即以石油业为主导的国家、小岛屿发展中国家、前苏联加盟共和国、美国等个别发达国家、以欧盟国家为主的发达国家，以及以中国和印度为主的大部分发展中国家。

在对解决方案的认识上，缓解全球气候变化无法依靠个别国家或个别利益群体的力量，而必须以国际社会为主导。但在目前国家利益优先的国际政治格局中，缺乏法律强制力的国际社会不适合采用具有强制性的政策对温室气体排放权进行分配。而应该加强在道德与良知的呼吁方面的努力，从而加强公众的环境意识，由下而上地推进有利于全球气候变化的社会制度的建立与完善，提高政府、非政府组织及个体在科学技术方面研发的积极性。

总之，本书并非否认"公地的悲剧"的存在，也不否认全球气候变化可能存在的危害，但认为全球气候变化并非"公地的悲剧"。通过对认知比较框架进行深入分析和论证，有助于人们理解当前以《京都议定书》为主的解决方案为何效率较低，更有利于人们进一步认识全球气候变化问题，为寻找有效的解决方案提供了更为完善的认识基础。虽然全球气候变化问题具有不确定性，该问题的特性也可能在未来发生改变，但本书提供的认知比较框架所具备的思维范式可以灵活地适应现实的变化。

关键词：全球气候变化；全球变暖；公地的悲剧；认知比较框架

Abstract

The widely accepted theory "tragedy of the commons" has been one of the most fundamental theories in explaining various kinds of natural resources and environmental problems since its birth in 1968 by Hardin. It should not be strange at all when people applied it to global climate change problem instantly as it was becoming one of the major environmental challenges during 1980s – 1990s. Based on this assumption that global climate change is undoubtedly the "tragedy of the commons", intensive discussions have been raised in the hope of alleviating the problem to a less – threatening level. Nevertheless, the assumption has never been carefully considered or even questioned from either a scientific or a philosophic perspective, and sadly speaking, this assumption no longer holds. This is just like "Pluto Phenomenon" that for once it has been widely accepted and spread for several years, the first instinct of people tends rather to apply it as a general law than to question it when new problems are raised. It is because of the cognitive error that the subsequent resolutions and policies based on the wrong assumption are doomed to be purposeless and inefficient.

As the only international agreement aimed at alleviating global climate change, Kyoto Protocol has been ratified since 1997. Although some efforts has been made and some mechanisms have been implemented, it seems the expected target could not be achieved at all, even the most active EU participants are expressing the concrete difficulties in meeting the combating targets set in the first term, not to mention the unilateral and complete withdraw of the U. S. With little doubt, there are limitations and unrealistic propositions in the Protocol, but the fundamental flaw should be traced into the fact that the whole resolution is based on the wrong assumption that the global climate change is a case of "tragedy of the commons", in which case, it is not. Therefore, to thoroughly analyze the nature of the global climate change is vital to reveal its true characteristics and to build up a cognitive system based on the existing findings is by far the sole way to search for the effective solutions. It requires the decomposition of both "tragedy of the commons" and global climate change.

With comparison between the two issues from three perspectives as the basic assumptions, the expected impacts and the solutions, they reveal eight significant different aspects that could not possible reconcile.

Unlike "tragedy of the commons", global climate change is typically a radical uncertainty problem, and the countless contributing factors are extremely complicated and interrelated, any attempt to solve it based on limited contributing factors implied by "tragedy of the commons" is doomed to failure. It can only be counted on the technological advance and proliferation that a technique solution could be found in the future.

From the perspective of the expected impacts, the tragedy of global climate change seems uncertain, at least not universal. Not every region shares the same risks and shoulders the same responsibilities as the "tragedy of the commons" implies. The six distinctive groups of interests make this point loud and clear. It is found that the six groups include the oil – driven countries, small island developed countries, Soviet Union countries, United States of America and Australia, Europe Union and most developed countries, and China, India and most developing countries.

With respect to solutions, it is evident that the international community, namely the United Nations, should play the major role. However, with its less – stringent policies and unenforceable agreements, there is hardly anything to achieve. Meanwhile, the role of other nongovernmental organizations and ethical propaganda may be undervalued. Both the top – down and bottom – up approaches should be equally emphasized in the future to alleviate global climate change.

To sum up, this dissertation neither deny the existence of "tragedy of the commons", nor deny the negative effect of global climate change. But it is found that global climate change is too distinct to be considered as one of the kind "tragedy of the commons". The newly buildup cognitive comparative framework should enable people to better comprehend the reason why the old – school thoughts inherited from the wrong assumption would not work. The fresh new philosophic paradigm is in place to enable dynamic analysis to search for a new set of solutions for the ever – changing global climate change.

Keywords: global climate change; global warming; Tragedy of the Commons; cognitive comparative framework

目 录

第 一 章

导 论

一　寻找气候变化问题的症结

根据联合国政府间气候变化专门委员会（IPCC）最新发布的评估报告，当前全球气候系统暖化已经是毋庸置疑的事实。自 1950 年以来，气候系统观测到的许多变化是过去几十年甚至近千年以来没有先例的。诸多研究也进一步证明，人类对气候系统的影响是明显的，尤其是导致了 20 世纪 50 年代以来的全球大部分（50% 以上）地表平均气温升高[①]。为此，作为引起国际社会关注的重要环境问题，气候变化的影响也逐渐深入政治、经济、文化等人类社会生活的各个领域。国际社会也早在 20 世纪 80 至 90 年代就开始了在控制人为温室气体方面的努力，并希望通过制订国际协议的方式来约束各国的排放行为。

---

① IPCC，Climate Change 2013：The Physical Science Basis，2013. 9. 27.

然而，从目前各国在减排方面的成果来看，都不能令人满意。作为旨在减缓全球气候变化唯一一部具有约束力的国际协议——《京都议定书》，却在 2012 年底第一承诺期到期时没有实现量化的减排目标，而之后的国际谈判又进展缓慢，对第二承诺期各国的减排义务的制订被无限期拖延至今，仍未达成具有约束力的国际协议。2012 年 5 月联合国发布的《2013 年排放差距报告》指出，2010 年全球温室气态排放量已经超过 2020 年 440 亿吨二氧化碳当量的目标，达到了 501 亿吨。而 2013 年落下帷幕的联合国气候变化大会华沙会议因各方分歧依然很大，也并未取得令人满意的进展。

造成目前解决方案的低效甚至无效的原因仅仅是科技研究水平和政策手段上的局限吗？还是有更深层次的原因？为了揭开谜底，本书展开了对气候变化相关研究的文献整理和分析，认为对全球气候变化认知上出现的问题导致了终端解决方案的缺陷。认知的过程是人们正确认识事物并选择相应解决方案的根本前提，一旦在认知上出现了偏差，必然会导致解决方案的低效甚至无效。因此，要寻求更适合缓解全球气候变化的方案，就必须对全球气候变化有更为准确和全面的认识。

二 全球气候变化的界定

在对问题展开探讨之前，需要对其研究范畴进行确定。从概念上看，全球气候变化（Global Climate Change）可以分为广义和狭义两种。广义上是指全球范围内气候的各种变异和变化，例如风暴潮、飓风等现象都属于广义上的全球气候变化；狭义上的全球气候变化等同于"全球增温"和"全球变暖（Global Warming）"，是指由于各种因素影响下改变了地球表面的温度，使大气趋于变暖。本书所要探讨的问题指的就是狭义上的全球气候变化，而在书中采用的"全球气候变化""气候变化""气候变暖"等词汇，若不加以说明，意义等同。

三　气候变化与"公地的悲剧"比较

本书旨在对全球气候变化属于"公地的悲剧"这一被普遍认同的观点进行修正，并通过建立和论证全球气候变化与"公地的悲剧"之间在认知上的比较框架，对人们应如何看待全球气候变化问题进行修正和认知层面的完善。本研究具有的特殊意义主要表现在以下两个方面：

首先，本书修正了长期以来全球气候变化是"公地的悲剧"这一被普遍接受的重要观点。人们一直把全球气候变化当作是"公地的悲剧"来看待，并选择适合解决"公地的悲剧"的方式来对待全球气候变化。而正是由于这种认知导致了解决方案的低效性。通过创建全球气候变化的认知比较框架，系统地比较和分析气候变化与"公地的悲剧"之间的差异，这将在认识论上调整甚至改变传统的思维定式，为寻求更有效的国际合作方案提供新的思路。

　　其次，本书创建的全球气候变化的认知比较框架具有一定的系统性。人们对全球气候变化是"公地的悲剧"的观点一直缺乏系统的分析，反把它当做一种被默认的"事实"，而反对这种意见的声音本身就很微弱，较为边缘化，更缺乏系统的论证，使得人们对于气候变化的认识非常粗浅，从而影响了人们在解决问题时的判断。通过对全球气候变化并非"公地的悲剧"这一观点进行解构和比较分析，本书以三大方面八个具体特点建立起了较为系统的比较框架，给人们认识更为复杂的全球气候变化问题提供了一种重要的思维范式。

四　思路框架与内容安排

　　本书旨在对缓解全球气候变化的国际协议的缺陷分析和对全球气候变化认识上的相关文献资料进行广泛搜集和整理中探讨隐藏在更深层的认知上的问题。并在此基础上，将全球气候变化的原有认知与真实的特性在设定的思维框架中进行比较分析，对全球气候变化是"公地的悲剧"这一观点进行了深入的反思和修正。循着该分析思路，具体内容安排如下：

　　第二章，对全球气候变化的研究现状进行综述，并提出问题。作为研究的出发点，本章首先对全球气候变化的科学背景研究作了简要的陈述，揭示了人为温室气体排放对气候变化的影响以及气候变化可能带来的各种影响。由于人们更重视气候变化的负面影响，因此较早地就开始进行对减缓气候变化的研究。在科学背景综述基础上，本章论述了国际上对减缓全球气候变化所作出的努力及其积极意义，并对已经达成并正式生效的《京都议定书》所存在的缺陷进行了深入分析，提出了目前主要的问题不在于机制的完善或者科技的发展，而在于对全球气候变化的认识还不够充分和准确等观点。

第三章，提出在全球气候变化的认知上存在的"冥王星现象"，并初步创建全球气候变化问题的认知比较框架。通过对现有资料的搜集掌握，本章首先提出"全球气候变化是'公地的悲剧'"这个论断其实是没有得到充分论证就得到普遍推广和广泛接受从而影响人们决策效率的观点，是一种可以被称为"冥王星现象"的错误认知，将该问题提升为一种现象进行研究，并初步建立起全球气候变化的认知比较框架，以比较分析的方法为主，简单介绍了全球气候变化与"公地的悲剧"在基本假定、预期影响和解决方案三个方面的差异。而接下来的第四到第六章，就是在这个体系中分别在以上三大方面对全球气候变化与"公地的悲剧"深入展开比较分析。

第四章，对全球气候变化和"公地的悲剧"二者在问题的基本假定上的差异进行分析，并确定了全球气候变化的不确定性、影响因素的复杂性和存在技术解决方案可能性这三大特性。

第五章，全球气候变化问题的特性决定了全球气候变化在预期影响上与"公地的悲剧"的差异。本章首先对全球气候变化影响的悲剧不定论进行了阐述，通过三种共存且相互矛盾的理论解释了在不确定性条件下气候变化影响的悲剧难以注定；然后将世界划分为六大利益群体，重点探讨了全球气候变化在个体影响上的显著差异。

第六章，在解决方案上分析二者的显著差异。本章首先对二者在解决方案上的主导者进行比较分析，并提出如何加强全球气候变化问题国际主导的政策建议；然后在产权问题上进行比较分析，探讨全球气候变化由于缺乏法律强制力的支撑，难以实现产权明晰的问题；最后通过论证强调道德和良知对推动可持续发展，促进良性减排机制实现的重要作用。

第七章，结论。对本书探讨的主要内容和意义进行总结性评述，强调全球气候变化问题的认知比较框架的意义以及未来在该领域研究中仍需进一步提高和完善的方向。

五　技术路线

全书主要采用比较分析法，对全球气候变化原有的认知进行评价和修正。具体分析思路和技术路线如图 1-1 所示。

六　主要创新点

（1）对全球气候变化是"公地的悲剧"这一普遍认识进行了反思和修正，创建了全球气候变化问题的认知比较框架。以往无论肯定全球气候变化是"公地的悲剧"还是否定这一观点的研究都缺乏解构分析和系统论证，只是对全球气候变化是不

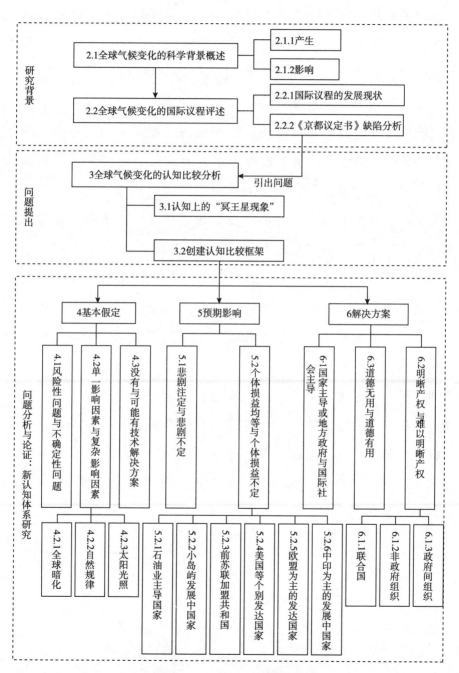

图 1-1　全书技术路线示意图

是"公地的悲剧"作了较为简单化的肯定或否定，而且持否定态度的本来就少，其观点也被逐渐边缘化。同时由于人们把更多的注意力投入在了全球气候变化的科学研究和政策研究上，没有对全球气候变化为何是"公地的悲剧"形成完整的认识，这就造成了人们对其本质认识的缺失，并妨碍了人们看待和处理问题的正确性。本书不仅修正了原有观点，还将全球气候变化看作"公地的悲剧"的有失准确的观点提升为一种现象，增强了论证的哲学意义，并进一步创建了具有三大方面八个特点的全球气候变化和"公地的悲剧"的认知比较框架。

　　（2）在比较分析全球气候变化和"公地的悲剧"之间预期影响的差异时，对国际格局进行了六大利益群体的划分。在充分论证这六大利益群体存在的前提下分析了它们受全球气候变化影响的差异和在复杂因素的多重制约下所持有的对全球气候变化的态度上的差异，并总结和建立了能够动态分析未来影响差异的利益群体比较模型。这在以往的全球气候变化的影响分析中也尚未见到。通过六大利益群体的区分和差异分析，利用实证研究方法使全球气候变化和"公地的悲剧"在预期影响上的差异更具说服力。

第 二 章

全球气候变化引发的问题

　　地球上能够草木葱茏、生物繁茂的一个主要原因就是地表温度适合万物生存。然而科学研究表明，近百年来地球正经历一次以全球气候变暖为主要特征的变化，地表温度越来越高，诸多研究都认为这是人类社会工业革命以来使用矿物燃料向大气肆意排放二氧化碳等温室气体造成的。国际气候权威组织——政府间气候变化专门委员会（Intergovernmental Panel on Climate Change，下文简称 IPCC）在第一次气候变化评估报告中指出，在过去一个世纪的时间里全球平均气温上升了 0.5℃；在第二次报告中认为出现的全球变暖不太可能全部是自然造成的；在第三次报告中则指出全球范围内最热的十年是 20 世纪 90 年代，其原因"可能"是由于人类活动造成的；在第四次报告中进一步指明全球变暖"非常可能"是人为原因造成的；而在 2013 年公布的第五次报告中则明确指出，人类活动极可能（95% 以上可能性）导致了 20 世纪 50 年代以来的大部分（50%

以上）全球地表平均气温升高①。现有的预测表明，未来
50~100 年全球气温还将持续升高，而这一增温对于全球自然生
态系统和人类社会来说可能会造成难以弥补的危害。总之，全
球气候变化已经成为人类关注的首要环境问题和关乎人类可持
续发展的重大国际议题。然而，在缓解全球气候变化方面人类
所取得的成果至今仍非常有限，许多看似积极的解决方案却得
不到应有的重视。

　　本章首先对全球气候变化的科学背景进行简要概述，然后
对人类目前在缓解全球气候变化方面采取的行动进行分析，在
对全球气候变化问题的研究背景中寻找出阻碍人类探求缓解全
球气候变化的根本原因。

一　全球气候变化的科学背景概述

（一）全球气候变化的产生

　　全球气候变化主要因温室效应（Greenhouse Effect）所
致。温室效应是地球大气层的一种物理特性，是由于大气中
的辐射活性气体吸收地球表面发出的长波辐射而使其不至于
丧失太多的现象。这些气体通常被称为温室气体（Green-
house Gases，简称 GHGs），它们吸收地球表面的长波辐射，

---

① 资料整理自 IPCC 五次气候变化评估报告第一工作组报告。IPCC 官方网站：
http：//www.ipcc.ch/pub/pub.htm。

却对太阳的短波辐射形成不了任何阻挡。这样一来，地球表面一方面接收太阳辐射的热量，另一方面自身散热又受到温室气体的阻挡，地球表面的气温自然便升高了。温室效应是地球生物能够生存的基本条件之一。假若没有温室效应，地球表面的平均温度不会是现在适宜的 15℃，而是不适宜生存的 – 18℃。但是由于人类活动造成了大气中的温室气体浓度逐渐增大，越来越多的热量散发不出去，导致了温室效应加剧，地表温度越来越高。

大气中能够产生温室效应的气体有近 30 种，从对温室效应的作用来看，最重要的就是二氧化碳（CO_2），占 66%[1]。每年，全世界化石燃料都会增加大约 60 亿吨的炭使用量，并以二氧化碳的形式释放到大气中。而二氧化碳生命周期相当长，是一种比较稳定的化学物质，一旦被释放，进入大气，可生存 5～200 年，且较少参与大气中的化学反应。与工业革命前相比，1998 年大气中二氧化碳的体积分数比工业革命前高出了 30%[2]，并由于人为排放，每年以 0.5% 的速率增加[3]。

除二氧化碳以外，还有五种主要的温室气体：甲烷（CH_4）、氧化亚氮（N_2O）、氯氟烃（CFCs）、全氟烃（PFCs）及六氟化硫（SF_6）。其中，甲烷的释放 60% 来自于农产品的耕

---

[1]　潘家华、庄贵阳、陈迎：《减缓气候变化的经济分析》，气象出版社，2003。

[2]　殷永元、王桂新：《全球气候变化评估方法及其应用》，高等教育出版社，2004，第 3 页。

[3]　王玉庆：《环境经济学》，中国环境科学出版社，2002，第 268 页。

种、畜牧业的发展、采煤和天然气产品的泄漏、垃圾填埋等人为活动，并且一旦释放，其能够在大气中存活 12 年左右[1][2]。早在 1998 年甲烷在大气中的浓度就已经达到工业革命前的 150%，之后每年以 0.9% 的速度持续增加。氧化亚氮的浓度在同一时间段内也有所增高，虽然只增高到工业革命前的 117%，但其存活时间却有 114 年之久[3]。而氯氟烃、全氟烃、六氟化硫等温室气体，虽然在大气中的含量非常微弱，但它们都不是自然存在于大气中，而是伴随发泡制品、冰箱、空调以及工业生产过程人为产生的。虽然这五种气体在大气中的浓度比二氧化碳低许多，但其单位体积的增温效应却比二氧化碳高出许多倍，如表 2 - 1 所示。

表 2 - 1 各种温室气体增温潜势

温室气体	增温潜势
二氧化碳（CO_2）	1
甲烷（CH_4）	21
氧化亚氮（N_2O）	310
氯氟烃（CFCs）	140 ~ 11700
全氟烃（PFCs）	7400
六氟化硫（SF_6）	23900

资料来源：潘家华、庄贵阳、陈迎：《减缓气候变化的经济分析》，气象出版社，2003，第 3 页。

---

[1] 潘家华、庄贵阳、陈迎：《减缓气候变化的经济分析》，气象出版社，2003。

[2] IPCC, Climate Change 2001: *The Scientific Basis*, Cambridge University Press, 2001, p. 36.

[3] 王玉庆：《环境经济学》，中国环境科学出版社，2002，第 270 ~ 271 页。

　　可见，大部分温室气体排放都与人类活动有着很大关系。而历史数据的搜集和分析也证明了这一点。图2－1是国际气候变化公约组织（IPCC）根据南极冰核和积雪的研究提供的几种主要温室气体在过去一千年里的浓度变化，从中可以看出各种温室气体的浓度在1900年前基本保持稳定，而进入20世纪后，尤其是在20世纪中后期，温室气体的浓度呈现迅速增高之势，而这恰好是工业化社会在全世界范围内日趋扩大的时期。

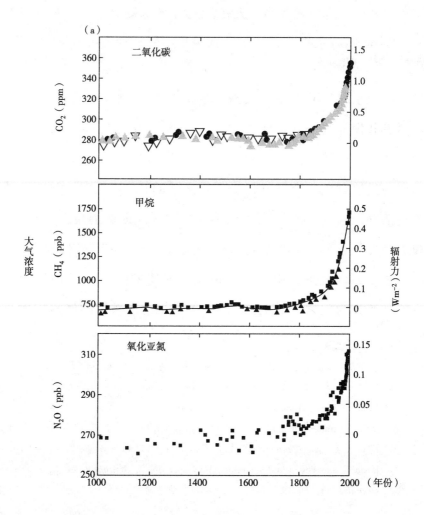

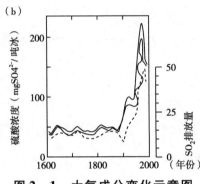

图2-1 大气成分变化示意图

资料来源:基于 IPCC, Climate Change 2001: *The Scientific Basis*, 2001, p. 36, Figure 8 翻译制作。

综观全球气候变化的科学研究,国际上目前已经基本达成了两点共识。其一,全球气候的冷暖变化本身是遵循自然规律的。从近6亿年的地质发展史来看,目前地球处在从冰期向间冰期的过渡时期,全球气候变暖是必然的[1]。其二,日益频繁的人类活动,在"必然"之上又加快了地球表面的温度升高步伐,成为全球气候变暖的加速器[2][3]。普遍认为造成当前全球气候变化的主要原因就是工业化、城镇化、加速的人口流动性以及伐木毁林等人为因素[4]。除此之外,学术界在该领域的诸多方面仍

---

[1] 王玉庆:《环境经济学》,中国环境科学出版社,2002,第271页。

[2] Oreskes, Naomi, "The Scientific Consensus on Climate Change", *Science*, 2004, (306): 1686.

[3] IPCC, Climate Change 2013: The Physical Science Basis, 2013 年 9 月 27 日。

[4] Härtel, C. And Pearman, G. I., "The climate change issue: The role for behavioral sciences in understanding and responding", *Journal of Management and Organization*, 16 (1): 16 - 47.

然存在很大争议，尤其是在对全球气候变化的预测上，不同的分析模型和研究方法所带来的是对未来变化的不同的预测。而由于人们对复杂的气候系统的认识和掌握仍然存在欠缺，这些预测都无法在科学层面上达成共识。

除了学者以外，气候变化也已经成为全球人类共同关注的话题，其主要原因并非是全球气候变化的机理本身，而是它可能会给人们带来什么样的影响。

（二）全球气候变化的影响

全球气候变化的影响是多尺度、多方位、多层次的，涉及社会经济、人口健康、政治军事等各个领域。但是目前来看全球气候变化的负面影响更受人们的关注。大多数科学家认为虽然全球气候变化的影响有一定的不确定性，但的确会给自然系统和人类社会带来巨大的负面影响。图2-2中的左半部分显示了相对于1990年观测温度的气温增加的幅度以及IPCC组织采用的7种模型对气温增加幅度的预测（此处用全球年平均温度变化表示气候变化的强度）；右半部分概念性地显示出关注气候变化问题影响的五个理由。其中，白色段表示没有影响或非常微弱的影响（包括正面和负面的）；浅色段表示对于局部生态系统有负面影响或较低的危害；深色部分则表示大范围的或较大强度的负面影响和危害性。从图中可以看出，温度越高，对人类的危害就越大。

这些负面影响具体表现在两大方面。一是对自然生态系统的影响。例如，全球气候变化会导致"海平面升高、冰川退缩、湖泊水位下降、湖泊面积萎缩、冻土融化、河冰迟冻与早融、

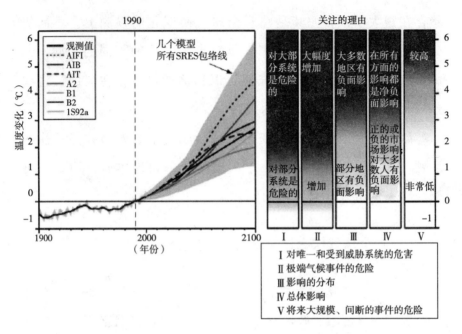

图 2 - 2　关注预计的气候变化影响的理由

资料来源：基于 IPCC, Climate Change 2001：Impacts, Adaptation, and Vulner-ability. IPCC Third Assessment Report. 2001, p. 5, Figure 2 翻译制作。

中高纬度地区生长季节延长、动植物分布范围向极区和高海拔区延伸、某些动植物数量减少、一些植物开花期提前①"。随着气候变化频率和幅度的增加，自然生态系统在有限的适应能力下必然会遭到严重的甚至不可挽回的破坏。IPCC 多次气候变化评估结果显示，过去 30 多年来人为增暖已经给许多自然和生物系统产生了可辨别的影响②。二是对人类生存的威胁。科学家

---

① 潘家华、庄贵阳、陈迎：《减缓气候变化的经济分析》，气象出版社，2003。

② IPCC, Climate Change 2007：Impacts, Adaptation and Vulnerability. Contribu-tion of Working Group Ⅱ to the Fourth Assessment Report of the Intergovernmen-tal Panel on Climate Change, Cambridge, UK and New York, USA：Cambridge University Press, 2007.

预测气候变化将使农业生产的不稳定性增加，导致地表径流、旱涝灾害频率增加和一些地区的水质发生变化以及水资源供需矛盾日益突出，引发各种极端气候现象，如海啸、台风等，还会扩大对气候变化敏感的传染性疾病的传播范围[1][2]。2006 年年底，英国财政部公布的由前任世界银行首席经济学家尼古拉斯·斯特恩爵士组织编纂的报告，从 GDP 的角度评估了全球气候变化的影响：如果对目前人为温室气体的排放不加以限制，那么气候变化的总代价相当于每年至少失去全球 GDP 的 5%，如果考虑更广泛的因素，到下世纪初全球 GDP 将减少 20%[3]。斯特恩警告说，如果不采取有效措施，全球气候变化对经济的破坏作用很难甚至无法逆转。英国首相布莱尔也曾一再指出全球气候变化是人类面临的最大挑战[4]，他说："如果我们的科学是正确的，那么毫无疑问全球气候变化给地球带来的影响是灾难性的……充分的证据表明，在未来 10 ~ 15 年内如果没有有效减排的国际措施的话，我们将失去控制气温升高的机会[5]"。

---

① Nordhaus, William D. , "Reflections on the Economics of Climate Change," *Journal of Economic Perspectives*, 1993, 7 (4): 11 – 25.

② Jacoby, Henry D. , Ronald G. Prinn, and Richard Schmalesee, "Kyoto's Unfinished Business," *Foreign Affairs*, 1998, 77 (4): 54 – 66.

③ Sir Nicholas Stern, "The Stern Review on the Economics of Climate Change," *Britain*: *HM Treasury*, 2006, p. vi.

④ 王曦：《国际环境法》，法律出版社，1998，第 159 页。

⑤ PM's comments at launch of Stern Review. http: //www. number – 10. gov. uk/ output/Page10300. asp.

图 2-3 展示了全球温度升高对不同领域带来的各种影响。
预计未来气候变化将对全球不同领域、不同区域产生差异性的
影响。而这赋予了全球气候变化国际环境问题的特性，即单纯
依靠某个国家是无法进行有效控制的，因此必须依靠各国的共

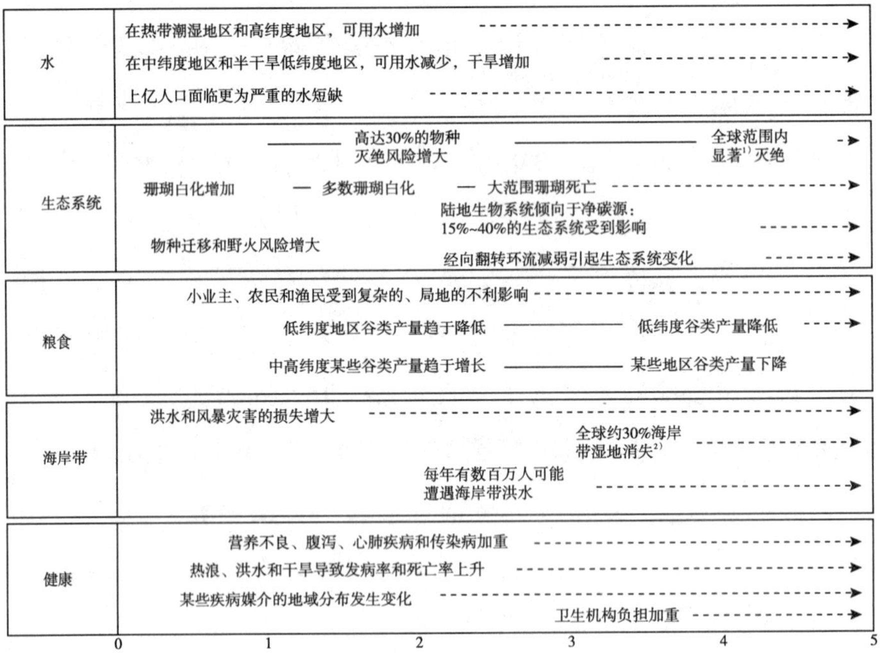

水	在热带潮湿地区和高纬度地区，可用水增加
	在中纬度地区和半干旱低纬度地区，可用水减少，干旱增加
	上亿人口面临更为严重的水短缺
生态系统	高达30%的物种 灭绝风险增大 / 全球范围内 显著[1]灭绝
	珊瑚白化增加 — 多数珊瑚白化 — 大范围珊瑚死亡
	陆地生物系统倾向于净碳源； 15%~40%的生态系统受到影响
	物种迁移和野火风险增大 / 经向翻转环流减弱引起生态系统变化
粮食	小业主、农民和渔民受到复杂的、局地的不利影响
	低纬度地区谷类产量趋于降低 / 低纬度谷类产量降低
	中高纬度某些谷类产量趋于增长 / 某些地区谷类产量下降
海岸带	洪水和风暴灾害的损失增大
	全球约30%海岸 带湿地消失[2]
	每年有数百万人可能 遭遇海岸带洪水
健康	营养不良、腹泻、心肺疾病和传染病加重
	热浪、洪水和干旱导致发病率和死亡率上升
	某些疾病媒介的地域分布发生变化
	卫生机构负担加重

0　　　　1　　　　2　　　　3　　　　4　　　　5

注：相对于 1980~1999 年全球平均年温度变化／℃。

（1）这里的显著定义为 >40%；（2）基于 2000~2080 年海平面平均上升速率为 4.2mm/a。

图 2-3　全球平均温度升高的主要影响

资料来源：林而达、吴绍洪、戴晓苏、刘洪滨、刘春蓁、高庆先、李从先、包满珠：《气候变化影响的最新认知》，《气候变化研究进展》，2007，3（3），第 125~131 页。

同行动。虽然目前对未来气候变化及其影响的研究许多仍
处于预测水平，有些还存在科学的不确定性，但是考虑到可能
出现的巨大的负面影响，国际社会自 20 世纪 70 年代以来一直

致力于寻找如何缓解全球气候变化的方案，并且随着时间的推移不断形成更为完善的方案。不过遗憾的是，国际社会以及许多国家虽然都积极响应，但至今没有找到一个行之有效的方式来缓解全球气候变化。到底症结何在？

二　全球气候变化的国际议程发展评述

（一）国际议程的发展现状

一般认为，气候变化问题首次引起国际社会的关注是在1979 年。这一年 2 月在世界气象组织（World Meteorological Organization，简称 WMO）的发起下于日内瓦召开了第一届世界气候大会。该会议号召各国政府"预见和防止可能对人类福利不利的潜在的人为气候变化①"。该会的召开引起了越来越多的国家和人民对全球气候变化的关注。进入 80 年代后，气候变化的国际议程也越来越频繁。表 2 - 2 列举了 1982 年以来对推动减排的国际行动起到重要作用的国际议程及成果。

表 2 - 2　1982～2007 年全球气候变化的重要国际议程

时　间	国际议程	内容和意义
1982 年	内罗毕宣言	指出大气变化进一步严重威胁着人类的环境，加强了人类在气候变化问题上的紧迫感。

---

① 王曦：《国际环境法》，法律出版社，1998，第 60 页。

续表

时　间	国际议程	内容和意义
1985 年 10 月	菲拉赫声明	提出应对气候变化的四条道路战略①，首次提出制订一个国际条约防止气候变化的倡议。
1988 年 6 月	多伦多气候大会	主题为"变化中的大气：对全球安全的影响"，呼吁全球应当采取共同行动应对气候变化，而最基本的共同行动是到 2005 年全球应减少 50% 的二氧化碳排放量；呼吁制订国际纲要公约，制订具体行动计划；呼吁建立世界气候基金。
1988 年 11 月	IPCC 第一次会议	成立了三个工作小组，分别负责气候变化的科学知识评价，审查气候变化的环境、经济和社会影响，以及拟定和评估关于减缓气候变化的不利影响的对策和战略。
1988 年 12 月	联合国第 43 届大会	通过了关于保护气候的第 43/53 号决议，承认气候变化是"人类共同关切之事项"。
1989 年 2 月	新德里气候大会	专门讨论发展中国家关注的问题，对发达国家和发展中国家的气候变化问题的责任进行了较为合理的界定。
1989 年 5 月	联合国环境规划署第 15/36 号决定	要求就国际公约的谈判进行准备，为此成立了特别工作组（INC），负责起草公约和制订公约的谈判步骤的计划。
1989 年 11 月	荷兰诺德维克部长级会议	提出了设立二氧化碳排放目标的建议，并承认各国"共同但有区别的责任原则"。
1990 年 8 月	IPCC 公布第一次评估报告	指出人类活动对气候变化的影响并预测了不进行减排的严重后果。报告为国际公约的形成提供了科学和技术基础。

---

① 四条道路战略包括：改进对正在出现的现象的监测和评价；加强研究工作，进一步了解这些现象的起源、机制和影响；制订国际上共同同意的政策来减少引起这些现象的气体；采取所需要的战略，以最大限度地减少危害并对付气候变化和海平面上升。

续表

时 间	国际议程	内容和意义
1990 年 10 月	日内瓦第二届世界气候大会	通过了一项《部长宣言》，虽然未明确提出减排目标，但在"共同但有区别的责任原则"、可持续发展原则、风险预防原则和国家平等原则上达成了一致。许多内容在后来的《气候变化框架公约》中都得到了体现。
1990 年 12 月	第 45 届联合国大会	通过了关于保护气候的第 45/212 号决议，决定成立气候变化框架公约的政府间谈判委员会，负责公约的谈判和制订工作。
1991 年 6 月	发展中国家环境与发展部长级会议	通过《北京宣言》，强调在公约制订中应该集中反映广大发展中国家的立场，强调发达国家在气候变化上负最大责任。
1991 年 2 月 ~ 1992 年 5 月	联合国召开了六次大会	在近一年半时间里，经过复杂的谈判、斗争和妥协，终于在 1991 年 5 月通过了《联合国气候变化框架公约》（UNFCCC，简称公约），并在 1994 年 3 月 21 日正式批准生效，成为国际社会第一个全面控制温室气体排放的国际条约。
1995 年 3 ~ 4 月	柏林会议，即公约第一次缔约方会议（COP1）	通过了重要成果"柏林授权"，就各缔约方所应承担的温室气体减排义务的充分性问题达成协议，声明不给发展中国家增加新义务。
1995 年 12 月	IPCC 公布第二次评估报告	研究指出人类活动对全球气候有着明显的影响，为国际谈判提供了关键性的数据基础。
1996 年 7 月	日内瓦会议（COP2）	没有取得实质性进展，但肯定了 IPCC 第二次评估报告，确认人类活动进一步加剧了全球气候变化。
1997 年	京都会议（COP3）	通过了具有里程碑意义的《联合国气候变化公约京都议定书》（简称《京都议定书》或《议定书》），首次规定了缔约方承担的减排量和减排期限。该议定书于 2005 年 2 月 16 日正式生效。

续表

时　　间	国际议程	内容和意义
2000 年	海牙会议（COP6）	由于发达国家和发展中国家的立场差异甚远，没有取得实质性进展。
2001 年 1 月	IPCC 公布第三次评估报告	再次说明了气候变化问题的日益严重性。
2001 年 7 月	波恩会议（COP6 续会）	虽然做出了诸多妥协，但使得《京都议定书》未遭夭折，推动了议定书的正式生效。
2001 年 10 ～ 11 月	马拉喀什会议（COP7）	这是落实"波恩政治协议"的技术性谈判，形成了"马拉喀什协议"，为议定书的生效扫清了障碍，使国际气候谈判进入各缔约方批准议定书的关键阶段。
2005 年 11 月	蒙特利尔会议（COP11）	议定书生效后的第一次缔约国大会，试图建立遵约委员会，但遭到诸多国家的强烈反对，没有取得实质性进展。
2006 年 11 月	内罗毕会议（COP12）	旨在商讨"后京都"问题，即 2012 年后如何进一步减排，对于技术开发与转让等诸多问题仍难以形成统一意见，无实质性进展。
2007 年 2 月	IPCC 发布第四次评估报告第一工作组报告及决策者摘要	指出人类活动加剧全球气候变化的可能性已达到 90%，引起全球广泛关注。
2007 年 12 月	巴厘岛会议（COP13）	通过"巴厘岛路线图"，标志着新一轮气候变化国际谈判的启动。计划在 2009 年年底的哥本哈根会议上达成新协议，接替将于 2012 年失效的《京都议定书》。
2008 年 12 月	波兹南会议（COP14）	讨论了包括温室气体减排的中期和长期承诺、如何采取措施有效应对气候变化、增加更多资金用于绿色技术开发和转让等问题，为在未来一年完成"巴厘岛路线图"确立谈判进程打下基础。

续表

时　间	国际议程	内容和意义
2009 年 12 月	哥本哈根会议（COP15）	仅达成不具法律约束力的《哥本哈根协议》，未能如期完成谈判。发达国家借此加快了此前由议定书二期减排谈判和公约长期合作行动谈判并行的"双轨制"模式合并，即"并轨"的步伐。
2010 年 11 月 ~ 12 月	坎昆会议（COP16）	虽然通过了《坎昆协议》，但留下很多空白和遗憾，达成的诸如 300 亿美元快速启动资金以及设立"绿色气候基金"等，多是《哥本哈根协议》的延续，坎昆只是确认了这些原则，并将其法律化。
2011 年 11 月 ~ 12 月	德班会议（COP17）	实施《京都议定书》第二承诺期并启动绿色气候基金。
2012 年 5 月	伯恩会议	在上一年德班大会确定延续《议定书》第二承诺期的基础上，在《议定书》修正案、两个承诺期的衔接、发达国家减排指标等问题上"明确了更多的法律和技术细节"，为今年年底多哈气候大会正式批准《议定书》第二承诺期做了准备。
2012 年 11 ~ 12 月	多哈会议（COP18）	对《京都议定书》第二承诺期作出决定，按预期于 2013 年开始实施，发达国家在 2020 年前大幅减排并对应对气候变化增加出资，维护了《公约》和《议定书》的基本制度框架，把联合国气候变化多边进程继续向前推进，向国际社会发出了积极信号。
2013 年 9 月 27 日	IPCC 发布第五次评估报告第一工作组决策者摘要	更科学客观地描述气候变化事实，并指出人类活动极可能（95% 以上可能性）导致了 20 世纪 50 年代以来的大部分（50% 以上）全球地表平均气温升高。
2013 年 11 月	华沙会议（COP19）	决定建立《REDD + 华沙框架》，以帮助发展中国家减少来自毁林和森林退化导致的温室气体排放，美国、挪威和英国政府承诺将为该机制提供 208 亿美元支持；建立"华沙损失损害国际机制"，旨在为最脆弱国家和地区应对气候变化带来的极端天气和诸如海平面上升现象等提供帮助。

　　资料来源：搜集整理自李爱年、韩广等，《人类社会的可持续发展与国际环境法》，法律出版社，2005，第 139 ~ 176 页；并搜集整理翻译自 UNFCCC 网站 http：//unfccc.int/ meetings/archive/items/2749.php；以及 IPCC 网站 http：//www.ipcc.ch。

　　由表 2-2 可知，在过去二十多年的时间里，国际社会在认识和缓解全球气候变化方面做出了巨大的努力，并取得了一定成果，其中最重要的成果就是通过了《京都议定书》。这是人类历史上首次以国际法律文件的形式对每一个缔约方发达国家规定了具体量化的温室气体减排指标和减排时间表。它为促进人类社会重视气候变化问题、加强国际合作、推动温室气体减排等发挥了积极作用，对全球范围内减缓温室气体排放具有重要的历史意义。然而，《京都议定书》并没有给世界环保主义者带来自信，同时也没有让反对者、批评者就此偃旗息鼓。尤其是在京都会议之后的多次全球峰会上对议定书做了多项妥协性的修改（如在 COP6，COP7 上允许加拿大、日本和俄罗斯用森林面积换减排量），以及美国、澳大利亚单方面宣布退出《京都议定书》等一系列事件，使得议定书对缓解全球气候变暖起到的实际效应比预期要低很多，甚至被看作效应微弱[1][2]。2006 年年初，加拿大这个支持议定书的表率国家，又宣布很可能完不成温室气体减排目标，无法履行这份国际协议，这进一步令人们对议定书的有效实施表示担心。

　　一方面国际社会不断强调全球气候变化的负面影响，另一方面经过各国长期博弈终于形成了旨在减少温室气体排放且具有较大妥协性质的国际协议，表示出减排的意愿。然而，为何

---

[1]　Taylor, Jerry, Global Warming: The Anatomy of a Debate. CATO Speeches, 1998. http://www.boisestate.edu/biology/BIOL191/global%204.PDF.

[2]　McKibbin, Warwick J., and Peter J. Wilcoxen, "The Role of Economics in Climate Change Policy," *Journal of Economic Perspectives*, 2002, 16 (2): 107-129.

仍然有许多缔约国不断对《京都议定书》进行质疑甚至否定呢？这主要是因为议定书在内容制订和实施过程中存在诸多缺陷，下文将重点探讨此内容。

(二)《京都议定书》的缺陷分析

自《京都议定书》提出至今，受到了来自各国学者从不同层面提出的批判，将其进行总结归纳，议定书的缺陷至少表现在以下几个方面。

第一，从成本效益角度来看，《京都议定书》面临着三大困境。首先议定书的实施所需花费会随着减排行动的开展而累计增加，但由于减排带来的效益相对成本而言具有较大的滞后性，需要十几年甚至更长时间才能显现出来，而且效益的计算很难准确量化，不确定性较高。其次温室气体减排成本的高低不仅取决于减排的范围，还取决于减排的速度。Wigley 等认为，与议定书规定的减排量相比，将降低温室气体浓度作为更为长期的计划，并先从较低的减排量开始逐渐增加减排量将节省更多的费用[①]。在此基础上，Manne 和 Richels 指出采用长期减排战略比在短时间内快速降低污染浓度的方法可节省超过 50% 的成本[②]。最后从成本、收益的承担者出发，减排费用主要由《京都

---

① Wigley, Thomas M. L., Richard Richels, and James A. Edmonds, "Economic and Environmental Choices in the Stabilization of Atmospheric CO_2 Concentrations," *Nature*, 1996, 379 (6562): 240 – 243.

② Manne, Alan S., and Richard Richels, "On Stabilizing CO_2 Concentrations – Cost – Effective Emission Reduction Strategies," *Environmental Modeling & Assessment*, 1997, 2 (4): 251 – 265.

议定书》的附件 B 中的缔约方国家承担，而减排治理所获得的
收益则由所有国家共同享有。面临实施协议所带来的成本收益
分配在时间和承担者等方面的差异，很多国家都难以采取积极
主动的态度参与减排任务。

当然，在议定书成本效益有效性的讨论中，专家学者们至
今仍存在不同甚至完全对立的观点，但无可置疑的是，他们中
的很多人是持怀疑或悲观态度的。其中比较典型的例子是 Nor-
dhaus 和 Boyer 在 1999 年通过 RICE （Regional Integrated model of
Climate and the Economy） 模型对温室气体减排的经济有效性进
行分析得出的三个重要结论①。其一，是否实施温室气体减排对
于世界不同国家的影响是极为不同的。例如，对于俄罗斯、加
拿大等处在高纬度且人均收入较高的国家来说，可以从气候适
度变暖中获益；相反，对于非洲等贫困国家来说，则对气候变
化异常敏感，很容易受到负面影响。其二，《京都议定书》在尽
可能高效实施的情况下，需要全球花费共约 8 千亿到 1.5 万亿
美元，而当前所能获得的收益仅为 1200 亿美元，约为成本的十
分之一。更甚者，Tol 的研究认为，若按照议定书实施减排，当
前净支出则会超过 2.5 万亿美元②。其三，最优的碳税价格应设
置为 5 美元 ~ 10 美元/吨，但《京都议定书》规定的减排目标

---

① Nordhaus, William D., and Joseph G. Boyer, Requiem for Kyoto: An Eco-
nomic Analysis of the Kyoto Protocol. Cowles Foundation Discussion Papers of
Yale University, No. 1201, 1999.

② Tol, Richard S. J. Kyoto, "Efficiency, and Cost – Effectiveness: Applications
of FUND," *Energy Journal*, 1999, 20 （Special Issue）: 131 – 156.

则会造成碳税达到近 100 美元/吨。因此，他们认为该议定书是缺乏经济性战略考虑的协议，无法使温室气体减排的收支达到平衡。以美国为例，其决定退出议定书的一个关键因素就是从成本收益上考虑，认为遵循议定书的规定将对美国现有经济造成严重的负面影响的同时，对美国环境起到的积极作用却是微弱的，直至今日美国一直拒绝加入到议定书中去。正如美国时任总统克林顿所言："我们能够避免气候变化带来的重大伤害，但同时也要保持我国经济实力"[①]。

第二，参与国数量众多、性质复杂带来了诸多难以调和的矛盾和问题，关键国的缺失也将大大影响《京都议定书》的谈判效率和实施效果。Perman 等认为，参与协议的国家数量越多，实现国际合作的道路就越艰巨和复杂[②]。不仅如此，参与国所处利益群体的复杂性更会拖长实现协议谈判的过程，增加协议谈判的艰巨性和低效性。这可以通过《京都议定书》与《蒙特利尔议定书》间的比较分析得出。

《蒙特利尔议定书》是旨在消除 CFCs 等消耗臭氧层物质排放的国际合作产物。与前者相比，它被普遍认为能够顺利并有

---

① Jeffrey A. Frankel. After Kyoto, "Are There Rational Pathways to a Sustainable Global Energy System？" 1998 Aspen Energy Forum, Aspen, Colorado, July 6, 1998. http：//www. hks. harvard. edu/fs/jfrankel/ aspenoap. pdf. 原文："We can work to avert the grave dangers of climate change, while at the same time maintaining the strength of the economy."

② Perman, Roger and Yue Ma, James McGilvray, Michael Common, *Natural Resource and Environmental Economics*, 3rd Ed., Pearson Education Limited, 2003, p. 299, 445, 350.

效实施的三大原因之一就是参与缔约的国家数量较少①，参与缔约国家性质相对统一。由于占世界消耗臭氧层物质排放总量的85%来自少数发达国家，发展中国家所占比例相当少，《蒙特利尔议定书》最早是由24个发达的工业化国家进行谈判，并较为顺利地签署和生效的。在生效后才陆续有更多的国家，包括发展中国家参与进来。相比之下，《京都议定书》的谈判由于参与国数量众多，发达国家和发展中国家共同参与，从而显得复杂和漫长得多。其中一个关键的矛盾在于是否应该让发展中国家也参与到承担减排任务中来。虽说发达国家一直以来都是全球温室气体的主要排放者，但由于这些国家已达到较高的发展水平，对能源需求的增加较为有限，并因为技术进步，温室气体排放强度逐渐降低，而发展中国家温室气体历史排放量不大，却随着经济发展速度的不断增加而持续上升（如图2-4所示）。在发展中国家为寻求发展机会做了长时间努力后，议定书最终并没有把发展中国家纳入减排义务，仅要求其附件B中39个发达以及经济转型国家承担该义务。由于发达国家和发展中国家之间，发达国家与发达国家之间，发展中国家与发展中国家之间错综复杂的、持续不断的经济利益纷争和政治较量，各方经过了七年艰苦的协商，以向许多国家妥协为条件换回了议定书的正式生效，这在一定程度上打击了部分参与国的积极性。

---

① Lairson, Thomas D. , and David Skidmore, *International Political Economy: The Struggle for Power and Wealth*, Peking University Press, 3rd Ed. , 2004, p. 443.

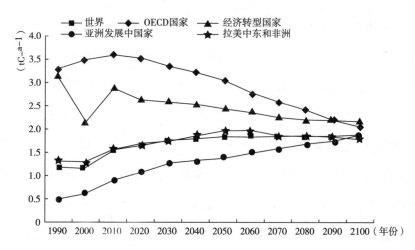

图 2 - 4　世界各地区人均碳排放变化趋势（1990～2100 年）

资料来源：潘家华，庄贵阳，陈迎：《减缓气候变化的经济分析》，气象出版社，2003，p.35，图 2 - 4。转引自 IPCC，Special Report on Emissions Scenarios 中 A1B（全球化与经济增长）情景数据整理，2000。

　　而更重要的是，美国这一关键国家，也是二氧化碳历史排放量最大的国家，在 2001 年单方面宣布退出协议，这使得一段时间内无法对全球温室气体的排放做出有效控制，大大降低了议定书的效用，也降低了缔约国减排的动力。预测显示，以 1999 年各发达国家碳排放量为基准，倘若协议不包括美国的参与，剩余附件 B 中各国的碳排放总量比目标排放量可减少 4 亿吨[①]。

　　由于考虑到其发展权优先，另外一些关键国家，即发展中国家没有被纳入第一承诺期的减排义务，这也成为影响协议有效实施的重要因素，因为中国、印度为主的发展中国家，随着

---

① McKibbin, Warwick J., and Peter J. Wilcoxen, "The Role of Economics in Climate Change Policy," *Journal of Economic Perspectives*, 2002, 16（2）: 107 - 129.

发展空间的不断延伸，在温室气体排放问题上对全球气候变化也造成了不可忽视的影响。中国在 2006 年之前还是温室气体世界第二大排放国，仅次于美国，年排放量占世界总排放量的七分之一（2000 年美国比例为 20.6%，中国为 14.8%）[1]；中国在 2006 年赶超美国，成为温室气体世界第一大排放国。根据英国丁泽尔气候变化研究中心"全球碳计划 2013"的评估，全球因化石能源燃烧造成的二氧化碳排放量在 2013 年达到 360 亿吨，达到历史最高纪录，其中中国占 2013 年全球二氧化碳排放总量的 27%，美国占 14%，欧盟占 10%，印度占 6%，分列二氧化碳排放贡献国的前四位[2]。同时，预计到 2025 年，发展中国家碳排放总量将超过发达国家。发展中国家在减排义务中的缺位成为美国以及其他一些发达国家退出协议或消极对待减排工作的理由之一。因此，议定书在未来的承诺期内倘若仍保持原政策不变的话，不但将导致更加低效的温室气体控制，还会进一步打击参与到协议中的国家在减排上的积极性。而对于发展中国家来说，议定书将面临着它们是否在 2012 年第一承诺期结束后发展到一定程度，即脱贫致富，有经济实力接受减排任务，以及在保证经济发展的同时，多大规模的减排是合理的并使其产生减排积极性等一系列问题。从近几年全球气候变化大会上的谈判

---

[1]　Baumert, Kevin and Jothasan Pershing. Climate Date: Insights and Observations, Pew Centre for Global Climate Change, Washington D. C. , 2004.

[2]　英国丁泽尔气候变化研究中心官方网站公布信息：http://www.tyndall.ac.uk/communication/news - archive/2013/global - carbon - emissions - set - reach - record - 36 - billion - tonnes - 2013。

情况来看，这也是发达国家和发展中国家博弈的关键内容之一，从而在很大程度上减缓了全球气候变化谈判的进程。

第三，国际排污交易许可证机制（Emission Trading，简称ET）是《京都议定书》提供的用以减排的市场三机制之一，旨在通过国家间许可证交易的灵活机制降低减排成本，从而有效激励各国减排工作的实施，但这种机制至少在两方面的不尽完善使其无法如预计的那样有效。首先，该机制的实施在造成国家间财富大量转移的同时，还会增加温室气体减排边际成本的不确定性。交易必然伴随着财富转移，而当相对有限的财富更多地配置在某个特定领域，也就意味着在其他领域内财富配置量的减少。例如在美国，以二氧化碳当量计算，1990 年排放了13.4 亿吨碳，而温室气体的排放量随时间推移也在不断增加。假设到 2010 年，美国需要进口相当于 1990 年排放量的 20% 的许可证，即 2.68 亿吨碳排放许可。另外，由于国家间政治经济多方面影响而导致国际碳许可证的价格具有较大的不稳定性，所以在可预测的范围内假设国际碳许可证的价格为 100 美元 ~ 200 美元/吨。那么，在这个价位上，美国各有关企业将花费270 亿 ~ 540 亿美元来购买许可证。这个价格超过了 1994 年美国工业界运作所有控污设备的总费用，同时也相当于美国在2000 年用于人道主义援助等国际发展项目的资金被压缩了 80 亿美元[1]。在复杂的国际环境下，巨大的财富转移和减排边际成本

---

[1]　McKibbin, Warwick J., and Peter J. Wilcoxen., "The Role of Economics in Climate Change Policy," *Journal of Economic Perspectives*, 2002, 16 (2): 107 – 129.

的不确定性都使得该机制的实施难以起到预期的激励效果。

　　同时，许可证国际交易制度也会给国际贸易带来巨大压力。毕竟各国外汇储备有限、总购买力有限。在此限制下，许可证的出现就相当于一种新商品的出现，那么购买许可证的资金越多，就意味着购买其他物品的资金越少，而进口许可证的国家其他进口商品的购买力会随之下降，出售许可证的国家在其他贸易领域的出口相应受到打击。原有的贸易平衡因此会被打破。在《京都议定书》中仅规定在附件 B 中的国家间可进行许可证交易，而将发展中国家排除在外的原因之一就是后者对国际许可证交易机制的积极意义持怀疑态度。但由于各种不确定因素的影响，仅在附件 B 国家间交易也很难有效降低减排成本。当然，通过市场机制的共同实施和灵活运用，还是可以互为补充，在一定程度上提高实施效率。

　　第四，《京都议定书》没有制订有效的奖罚制度。奖励不够到位、惩罚不够有约束力，就难以激励和保证各国积极遵守协议，实现减排目标。一部具有强大约束力的国际法律文件，对违反规定的行为必须具备严格的惩罚措施。但为了让更多的国家加入进来，议定书在最初的制订过程中就缺乏相关内容，并对许多细节没有进行敲定。2000 年海牙会议确定的协议补充规则中又称：倘若缔约国在第一承诺期内没有完成指定减排量，将在下一个承诺期予以补足，并同时增加一定数量的处罚性削减量（在 2001 年柏林会议上将其定为 30%，并规定该国在恢复到遵约状态前不得参加排放交易），如果仍然未能完成，将在接下来的承诺期内继续补足并承担处罚性削减量。在该承诺期所违反的行为不被惩罚，而被累积到下个阶段。这种规定使得惩罚措施可以被无限制延长下去。随着未完成的以及处罚性削减量不断积累，"滚雪球效应"的最终结果很可能使得协议难以继续实施下去。而且，为了保护本国利益最大化，议定书无法指望缔约国因为自身没有完成指定义务而自我惩罚，同时也没有形成这样的惩罚机制，即对那些未完成减排任务而又无法自我实施惩罚措施的国家进行惩罚①。更重要的是，议定书只规定了在第一个承诺期间的各缔约国减排量，而缺少对未来的减排规定。假如一国由于缺乏努力或其他原因而不愿意完成减排义务，它很可能会在制订下一阶段任务的过程中采用经济、政治等各种手段与其他国进行博弈以减少自己所承担的义务，从而减少惩罚性削减量和下一阶段承担的削减总量。另外，议定书二十七条规定，缔约方在议定书对其生效之日起三年后可随时退出议定书，这意味着一旦有缔约国不愿继续承担减排义务而选择单方退出，它将不受到任何惩罚，这样宽松的约束机制是难以起到有效激励作用的，因此自动退出而不承担任何责任的规定至少应改为承担一定的责任和惩罚，或者与未完成期限内减排义务受到同样的处罚，这样目标的实现才可能有所保证。由于《京都议定书》起初就没有确立有效的强制机制，而当上百个国家加入进来后再进行强化就不容易了，毕竟要牵扯到各国更多

①　Barrett, Scott, *Creating Incentives for Cooperation: Strategic Choices.* Providing Global Public Goods: Managing Globalization, edited by I. Kaul, P. Conceição, K. LeGoulven, and R. U. Mendoza, New York: Oxford University Press, 2002, pp. 308 - 328.

的政治和经济利益。从现实情况来看，也印证了强化的困难性——2012 年之前的多次修正案经过激烈的争论而确定下来，但在强制机制方面并没有质的改变；2012 年第一减排期已过去1 年之久，第二减排期应该如何设计减排机制至今还没有定论，未来的国际合作之路依然不够明朗。

　　在对违反规定的缔约国无法实施有效处罚的同时，议定书对积极减排的国家也缺乏有效的奖励政策，甚至会产生负激励效应。最关键的问题就是议定书规定了一个上限减排量。也就是说只要达到规定的减排上限即可，即便多减排的数量可累积到下一承诺期以抵消部分同期减排义务，可当某些缔约国面对较弱约束力的议定书而选择消极怠工时，恐怕没有哪个国家会在完成规定义务后花费更多的成本积极减排，来容许其他国家"免费搭车"（Free Rider），让他们共同享受自己努力换来的减排成果。更何况新一轮承诺期的协议制定如京都议定书的谈判制定过程一样，会受到各国政治力量的影响，在各国间激烈的博弈中产生，太多的不确定因素很可能导致在前一期最积极减排的国家得不到最好的奖励或待遇。考虑到这些，许多国家的减排积极性自然会大打折扣。另外，这个上限标准也使得如美国这样的排放大国在考虑到国家自身利益而非国际整体利益的同时选择了彻底放弃议定书。

　　虽然全球气候变化已经成为十分重要的国际环境问题，并得到了国际社会的普遍关注，但从以上的分析不难看出旨在缓解全球气候变化的国际协议仍然存在诸多缺陷。在不具备强制各主权国家实施规定措施的权力的情况下，制订协议的许多初衷都难以达成，从而大大降低了协议的效用。

三　小结

随着 21 世纪以来 IPCC 对全球气候变化的不断科学和系统的评估，全球早已掀起了呼吁各国政府加强温室气体减排的高潮。根据全球四家最为知名的气候研究机构的数据，有气象记录以来最热的 10 年，有 9 年发生在 21 世纪之后[①]。如何迎接气候变化带来的各种挑战成为了学者、政府、企业乃至公众普遍关注的头等大事。

在气候研究领域，人们虽然认识到了温室气体与气候之间的联系，但通过本章所关注的科学成果及现状来看，在两者间关系的深入探讨中许多观点仍是基于对未来的预测，具有很大的不确定性。也正是因为不确定性的存在，从而引起了激烈的争议。例如，人为温室气体的排放到底占引起气候变化的众多原因中的多大比重？未来到底会发生什么？是否应该为了不可准确预测的灾难强制人们牺牲眼前的经济利益而加强减排力度，等等。另外，分析还发现，人们在气候变化的科学性论证上投入了较大的精力，并且更多地关注气候变化的负面影响，急迫地希望能够尽量减少这些负面影响，而在一定程度上忽视了气候变化问题在认识论上的研究以及它所具有的复杂的本质。这

---

① UNEP. Nine of the ten hottest years on record all in the last decade. https://na. unep. net/geas/getUNEPPageWithArticleIDScript. php? article_ id = 53. 2011, 4.

也就解释了笔者对《京都议定书》的效用产生的一系列疑问：这个集合了世界众多精英学者的思想于一体的用以拯救全人类的协议为何实施起来困难重重，为何无法得到需要被拯救的全人类的支持呢？难道仅仅是协议的设计思路和框架有问题吗？可在此之前的其他国际环境问题通过类似的方式不也取得了一定的成绩吗？为何在解决全球气候变化上，这一套理论系统却行不通呢？难道还有什么更为深层次的原因吗？

的确，《京都议定书》机制上存在的内生性缺陷是无法通过外在环境的完善得以弥补的，也是无法单靠对机制本身加以完善而能改进的。该种解决方案在设计上存在的缺陷是更深层的原因所造成的，这个原因来自于人们对气候变化问题的原始认知。也就是说，对气候变化认知的不足造成了目前解决方案实施的低效。因此，下一章将展开对全球气候变化的重新认知。

第 三 章

全球气候变化问题的认知比较分析

一 认知上的"冥王星现象"

通过对全球气候变化研究背景的分析，上一章结语部分提出了对全球气候变化在认知上的疑问。造成目前缓解全球气候变化国际协议如此低效的根本原因是否是对气候变化问题的认知具有偏差？

在这个疑问的驱使下，笔者展开了深入广泛的文献查阅，发现《京都议定书》的设计与制订是建立在人们普遍对全球气候变化的一点共识之上的，即：全球气候变化是"公地的悲剧"（Tragedy of the Commons）[①]，全球气候变化的进程就是"公地的悲剧"的进程。当前造成的全球变暖和相关的各种异常气候现

[①] Garrett Hardin, "The Tragedy of the Commons," *Science*, 1968, (162): 1243 – 1248.

象正是因为全球气候变化所具备的"公地的悲剧"的特性造成的。因此，考虑到公地问题的悲剧性结果，就必须在全球范围内行动起来，争取将目前的局部协定（Partial Agreement）最终完善为全球协定（International Agreement），这也就是《京都议定书》的制订和不断修正的方向。

在现有的各种文献资料中，"全球气候变化是'公地的悲剧'"这一说法无论是在学术界的论著中、各国政府的报告中，还是新闻在媒体的报道中，早已成为探讨全球气候变化问题的基本前提。人们普遍认为全球气候变化是典型的"公地的悲剧"[1][2][3]，并且在解决该问题的过程中容易出现"免费搭车"现象[4]。在这样的认识基础上形成了诸多致力于缓解全球气候变化的政策和机制，其中最重要的就是作为第一份国际范围签署的协议——《京都议定书》。许多学者及环境组织也都认同气候变化会造成"公地的悲剧"现象发生[5]，在探讨缓解气候变化的机制时还指出：只有全球所有国家参与国际合作，才能避免

---

[1]　Kennedy, Donald, "Sustainability and the Commons," *Science*, 2003, 302 (5652)：1861.

[2]　Watson, Robert T, "Climate Change：The Political Situation," *Science*, 2003, 302 (5652)：1925 - 1926.

[3]　齐晔：《气候变化、公用地悲剧与中国的对策》（公共管理评论〈第二卷〉），清华大学出版社，2004，第149 ~ 157 页。

[4]　Lacy, Mark J, *Security and Climate Change：International Relations and The Limits of Realism. Research in Environmental Politics*, edited by M. Paterson and G. Smith. London：Routledge, 2005, p. 73.

[5]　David Kestenbaum. Climate Change Is Victim Of 'Tragedy Of The Commons', 2009, 12, 27. NPR. 基于对 Elinor Ostrom, Scott Barrett 等著名学者的访谈。

"免费搭车"现象和环境的恶化，否则悲剧的后果必将由所有国家共同承担①②③。一些国家的政府报告也肯定了这一说法。例如，从1989年美国政府的官方报告到2005年英国政府所做的全球气候变化经济分析报告都直接指出全球气候变化就是"公地的悲剧"④⑤。而相关的新闻媒体报道也与学者和政府的言论形成了巨大默契，在大多数与全球气候变化问题相关的新闻报道中，很难找到对此持否定或怀疑态度的言论⑥。

　　然而，"全球气候变化是'公地的悲剧'"这一"事实"自从哈丁提出空气污染等环境问题属于"公地的悲剧"后几乎是

---

① Philibert, Cédric, Jonathan Pershing, and Kathleen Gray. Beyond Kyoto: Energy Dynamics and Climate Stabilisation. Paris: OECD/IEA, 2002, p. 1.

② Anand, Ruchi. International Environmental Justice: A North - South Dimension. Hampshire: Ashgate Publishing Limited, 2004, p. 57.

③ Böhringer, Christoph, and Michael Finus. *The Kyoto Protocol: Success or Failure?* Climate - Change Policy, edited by D. Helm. Oxford: Oxford University Press, 2005, p. 258.

④ United States Congress House Committee on Interior and Insular Affairs Subcommittee on Water and Power Resources. Implications of global warming for natural resources: oversight hearings before the Subcommittee on Water and Power Resources of the Committee on Interior and Insular Affairs. Washington D. C.: U. S. G. P. O., 1989, p. 561.

⑤ House of Lords, Britain, "The Economics of Climate Change," *2nd Report of Session* 2005 - 2006, *Vollume II: Evidence.* London: TSO Shop, 2005, p. 128.

⑥ 笔者在google、yahoo等搜索引擎和人民网、新华网、BBC等新闻网站上以及各种数据库中搜索中英文资料所得。所用的关键词包括climate change + tragedy of the commons, global warming + tragedy of the commons, greenhouse effect + tragedy of the commons, 气候变化 + 公地的悲剧, 气候变化 + 公共用品的悲剧, 全球变暖 + 公地悲剧等十多种组合词。

直接被沿用下来的，很少有人进一步论证它的合理性①。柏拉图在其《泰阿泰德篇》中指出，想要被定义为知识，它必须是真的，并且必须被相信是真的，苏格拉底补充道，人们还必须为之找到理由或证明②。认识论的形成正是对知识的整合。那么在这方面通过深入分析发现，将全球气候变化看作"公地的悲剧"这一普遍现象可以被定义为典型的"冥王星现象"。

美国天文学家汤博在 1930 年发现了冥王星并错误地估计了其质量而认为它是比地球还大的大行星。他的结论被国际天文学界普遍接受，冥王星成为太阳系九大行星之一。而且这一认识也被当作科学事实编入了各国的百科全书、教科书、字典词典等各种出版物中，在全世界得以普及。虽然也有过质疑和反对的声音，但一直没有得到应有的重视。在 2006 年的国际天文学联合会大会上才最终将冥王星剔除出太阳系大行星之列。自此，太阳系九大行星的说法经历了近一个世纪后不复存在。可见，冥王星被认为是大行星的现象，是人们长久以来被信以为真，但缺乏充分证明的认知。这种起初没有得到充分论证的说法通过宣传报道，久而久之被广泛接受为事实，甚至是公理的现象，就是"冥王星现象"。

———————

① 哈丁原文是："……公地的悲剧又表现为污染问题……生活污水，或化学的、放射性的和高温的废水被排入水体；有毒有害的和危险的烟气被排入空气；……"，并没有直接指出全球气候变化是"公地的悲剧"，但随着全球气候变化问题的提升，人们将其作为一种国际环境问题而纳入了环境污染问题之中，自然成了"公地的悲剧"的表现形式之一。

② 来自 Wikipedia 百科：http://en.wikipedia.org/wiki/Epistemology。

　　"冥王星现象"的结果必然是扭曲了人们对事物本质的正确认识，而在此基础上建立起来的任何试图解决问题的方案也必然是失效的。全球气候变化被公认为是"公地的悲剧"正是一种"冥王星现象"。在近几十年的研究中，人们一直秉承着最初哈丁对环境污染问题的看法来认识全球气候变化，并且在缺乏系统论证的情况下将该观点在全球范围内普及。期间虽然也有学者对此提出质疑或持否定的看法①②③④，但这样的观点相对而言极为少见，且本身由于缺乏系统性论证而难具说服力，而被一个庞大的集体无意识的认知浪潮所淹没。在这种集体无意识的推动下，全球气候变化作为"公地的悲剧"已经成为一个寻找解决全球气候变化问题的默认前提假定。

　　对全球气候变化的认识中存在的"冥王星现象"从对当前认识和解决全球气候变化问题的逻辑中也得到了进一步印证。表3－1用路径的方式将"公地的悲剧"与当前普遍接受

①　Böhringer, Christoph, and Michael Finus. *The Kyoto Protocol: Success or Failure?* Climate – Change Policy, edited by D. Helm. Oxford: Oxford University Press, 2005, p. 258.

②　United States Congress House Committee on Interior and Insular Affairs Subcommittee on Water and Power Resources. Implications of global warming for natural resources: oversight hearings before the Subcommittee on Water and Power Resources of the Committee on Interior and Insular Affairs. Washington D. C. : U. S. G. P. O. , 1989, p. 561.

③　House of Lords, Britain, "The Economics of Climate Change," 2nd Report of Session 2005 – 2006, Vollume Ⅱ: *Evidence.* London: TSO Shop, 2005, p. 128.

④　Jouni Paavola. , Climate Change: The Ultimate "Tragedy of the Commons"? Sustainability Research Institute Paper No. 24, 2011.

的全球气候变化问题在认识上进行了较为简单的对比。该比较主要包括对问题性质的基本假定、预期影响和解决方案三大方面。

表 3 - 1　"公地的悲剧"与目前认识中的全球气候变化之比较

	公地的悲剧	全球气候变化
基本假定	↓	↓
预期影响	所有人受损	全球变暖的恶果
	↓	↓
解决方案	所有人参与的解决方案	国际协议

资料来源：根据相关资料整理。

　　哈丁以一个对所有人都开放的牧场为例指出了作为公用品的牧场最终会由于过度放牧而导致崩溃这一悲剧的必然性。一般情况下人们在权衡个人利益和公众利益的时候往往以前者最大化作为一种理性的追求。"每个人都被锁进一个强迫他无限制的增加自己蓄群量的系统——在一个有限的世界里"[1]，直到牧场最终的毁灭。也就是说，公地的自由使用是导致悲剧的根本原因。要想解决这一问题，必须让所有人参与进来。哈丁提出要么通过产权私有化的方式使公众利益和个人利益更为紧密地结合起来，进而确保公地悲剧不会发生；要么建立管理机制，由权力机构限制人们的行为。他认为这是两种最为有效的解决方案。

---

① 〔美〕赫尔曼·E. 戴利，肯尼思·N. 汤森主编《珍惜地球：经济学、生态学、伦理学》，商务印书馆，2001，第 152 页。

由表 3 - 1 可知，全球气候变化问题的影响也被普遍认为是负面的，将会给全人类带来巨大的灾难，因此当前主要通过签订国际协议的方式，呼吁所有国家参与到国际协议的履行中来以求解决这个问题，《京都议定书》就是在这一认识中形成的。通过比对可见，目前在逻辑结构上，全球气候变化与"公地的悲剧"在认识上具有一致性。

然而"全球气候变化是'公地的悲剧'"这个没有经过系统论证就被认可的说法并非是完全准确的。人们必须对全球气候变化问题展开全新的认知。这是从问题本质上寻找真正有效的解决途径的关键所在。

二　全球气候变化与"公地的悲剧"之比较分析

如何将全球气候变化区别于"公地的悲剧"对于深入探求前者的本质来说至关重要。全球气候变化是"公地的悲剧"的观点一直以来被人们当作不变的事实来看待，却是在认知上对全球气候变化问题的误解。那么，通过与"公地的悲剧"在认知上的比较形成的对全球气候变化问题的认识在一定程度上将验证传统观点所存在的问题，并使其得到修正与完善。在表 3 - 1 的结构上，表 3 - 2 创建了全球气候变化与"公地的悲剧"的认知比较框架，并在基本的框架下对两者的差异从基本假定、预期影响和解决方案三方面进行了比较。下面将对该框架中的具体内容进行说明。

表 3 - 2   "公地的悲剧"与全球气候变化的认知比较框架

	公地的悲剧	全球气候变化
基本假定	a. 风险性问题	a. 不确定性问题
	b. 影响因素的单一性	b. 影响因素的复杂性
	c. 非技术能解决的问题	c. 技术解决存在可能
预期影响	a. 悲剧注定	a. 悲剧不定
	b. 短期个人受益,长期个人利益俱损	b. 短期有的个人受益,长期个人利益均不受损
解决方案	a. 国家或地方主导	a. 国际主导
	b. 明晰产权	b. 难以明晰产权
	c. 道德无用论及呼吁道德的反作用	c. 道德有用论

资料来源:根据相关资料整理。

(一) 基本假定的差异

基本假定决定了人们要研究的到底是什么问题。在这方面,"公地的悲剧"和全球气候变化表现出了完全不同的性质。

首先,"公地的悲剧"属于风险性问题(Risk Problem),而全球气候变化属于不确定性问题(Uncertainty Problem)。从定义上看,风险性问题是可以列举出某种决策可能带来的所有结果并计算出这些结果出现概率的。牧地的承载力是有限且可以预测的,牧民在做决策时,对于是否应该在牧地上再增加一头牲畜以及由此给公地自由使用权所带来的结果和出现概率都有清晰统一的认识:只要公地继续自由使用下去,必然带来悲剧。但是出于利己的选择,他们仍然超载放牧,令自己的行为所造成的风险平摊给所有的牧民。而不确定性问题是无法计算出各种结果出现概率的①，甚至无法掌握一个决策可能带来的所有后果。这主要是因为不确定性问题不具有对问题的完整认识。全球气候变化就是难以预测未来影响及各种影响出现概率的不确定性问题。例如，2013 年最新的研究发现，全球变暖的速度并没有像之前科学家预测的那样随着人为温室气体排放总量的持续增大而增大，反而变暖速度出现了减缓的趋势，原本形成的科学共识又一次遭到现实的质疑②③。第四章第一节将进一步论证这两种问题的区别以及全球气候变化所表现出来的不确定性。

其次，哈丁提出"公地的悲剧"时考虑造成悲剧的因素是单一的，他排除了战争、灾难、疾病等各种因素在外，假定社会稳定，造成悲剧的因素只有畜牧量对资源的诉求。在人口问题中则体现为人口的增长对资源的诉求。但是影响全球气候变化的因素不只是人为温室气体的排放，而是更多更为复杂的因素共同作用的结果。近几十年来全球平均温度的升高应该说是各种因素共同作用的结果，且主导因素不定、各因素也无法进行影响大小的先后排序。总之，这个过程是复杂的，也是人们

---

① Perman, Roger and Yue Ma, James McGilvray, Michael Common. Natural Resource and Environmental Economics, 3rd Ed., Pearson Education Limited, 2003, p. 299, 350, 445.

② W.W. A cooling consensus, The Economist, Jun 20, 2013, http://www.economist.com/blogs/ democracyiname rica/2013/06/climate - change.

③ Nate Cohn. Explaining the Global Warming Hatus - Grappling with Climate - change Nuance in a Toxic Political Environment, New Republic, June 18, 2013, http://www.newrepublic.com/article/113533/global - warming - hiatus - where - did - heat - go.

当前有限的知识范围内无法看透的，在未来，气候如何变化也将取决于这些因素组合而成的效果。第四章第二节将列举影响全球气候变化的几大关键因素并对它们引起气温升高的机理进行论述，进一步论证在影响因素上与"公地的悲剧"之间的差异。

最后，"公地的悲剧"还有一个重要假定，就是它所面临的状况不存在技术解决方案。这个假定适合于解释人口问题，因为无论出现任何技术，人们的理性选择都是不采用这些技术进行自我消亡。那么对于全球气候变化来说，是否有技术解决的方案呢？答案仍不确定，可绝对不是否定的。毕竟人为温室气体的减排不会影响人类的生存，也就不会遭到人们生理和心理上的抵制。只要清洁能源和技术在推广中的使用成本逐渐降低，人们就有可能自动放弃传统污染重、消耗大的生产模式。因此，要减少温室气体的人为排放，绝不能否定技术解决方案的可能性。这一部分将在第四章第三节中得到进一步论证。

（二）预期影响的差异

全球气候变化与"公地的悲剧"不仅在探讨问题的前提假定上不同，在造成的影响上也有很大的区别。

这首先与它们所探讨的问题性质有关。由于在公地自由使用的社会里，风险是必然的，但人们都以追求自己的利益最大化为目标，因此造成了悲剧产生的必然性，即悲剧是注定的。然而对于全球气候变化这个不确定性问题来说，未来的局面是否是所有人的悲剧仍存在很大争议。第五章第一节将对应全球气候变化与"公地的悲剧"在这点上的差异展开探讨。

不仅从整体的影响上，全球气候变化不具备悲剧是注定的这一特点，在对个人利益的影响上，全球气候变化与"公地的悲剧"也存在很大差异。后者认为公地的自由使用权短期会给个人带来收益，但从长期来看，对于个人利益来说将意味着难以弥补的灾难。而全球气候变化，或者说温室气体的人为排放短期不一定对每个人都有利，长期对个人和部分群体也不一定有害，具有利益不均摊、风险不共担的特点。本书在第五章第二节将世界分为六大利益群体，着重论述全球气候变化在这方面表现出来的与"公地的悲剧"间的差异。总之，与"公地的悲剧"不同，全球气候变化的未来不仅难以预测，而且还存在一系列难以用"公地的悲剧"解释的现象。

三　解决方案的差异

由于全球气候变化与"公地的悲剧"问题在性质及其影响上的巨大差异，使之成为了两种不同的问题，针对这两种问题的解决方案也就必然相去甚远。

首先，解决"公地的悲剧"问题的主体是以地区或国家权力机构为核心的，这些权力机构都具有强有力的法律效力，而且由于悲剧是注定的及其对本国造成的负面影响，这些权力机构也有意愿主动加强控制。全球气候变化作为一个复杂的国际环境问题，是难以通过个别国家的努力而解决的，由于其所带来的影响不均衡地分布在不同的国家和地区，有些国家是温室气体排放大国，但却使得其他国家的环境与生存受到威胁，有的国家花大力气减排使得其他国家得以"免费搭车"。全球气候变化问题必须通过高于国家的权力机构来管理控制才能得以解决。然而在当今以国家主权的完整性和不可侵犯性为根本原则的国际政治舞台上根本不存在高于国家的权力机构，即便联合国也不具有强制各国执行国际协议的权力，在各国利益没有得到充分协调的情况下，这势必造成国际协议的软弱性和履行的困难性。本书中第六章第一节将对国际主导的全球气候变化问题进行详细探讨，并面向国际组织和社会提出一些政策建议。

其次，避免"公地的悲剧"的主要解决方案是通过明晰产权使"公地"得以私有化，然而人们无法对温室气体的排放量进行产权私有化的处理。这和国际社会不具备强制性的法律效力有直接关系。产权难以明晰是造成全球气候变化问题目前的解决方案效率低下的主要原因，这将在第六章第二节里进行详细探讨。

最后，哈丁在探讨"公地的悲剧"时对另外一种解决方案，即依靠唤醒人们的道德心和责任感来避免悲剧的产生表示质疑。他以人口问题为例，证实了道德的呼吁对于解决"公地的悲剧"的无效性甚至反作用，所以他认为对于"公地的悲剧"这一问题，是不可能通过良知与道德的呼吁以及宣传与教育解决的。然而，对于全球气候变化来说，良知道德的呼吁却有着一定的积极作用。当今环保主义力量在世界范围内的日渐扩大也在一定程度上证实了这一点。毕竟温室气体减排不仅不会威胁人类的生存，还能改善人们的生存环境。另外，人们都具有怜悯心，在有利己主义倾向的同时也具备利他主义倾向，通过宣传、教育等方式来呼吁人们的利他主义倾向，从而使得良心展现出积极应对问题的一面是可以肯定的。缓解全球气候变化的道德有用论将在本书第六章第三节中得到深入探讨。

四　小结

对于事物本质的认识是决定人们理解该事物并寻找到正确解决途径的根本。而人们往往将"认为是真实的事物"看作无可怀疑的事实从而忽略了必要的论证验证。长久以来，全球气候变化一直被看作"公地的悲剧"的现象正是如此。而通过本章的探讨发现，这一缺乏验证的事情本身是错误的，全球气候变化并非是"公地的悲剧"。而把这一错误的事件提升为一种现象，即"冥王星现象"，起初没有得到充分论证却通过宣传与报道，久而久之被广泛接受为事实，甚至是公理。这种从事件到现象的提升就是将全球气候变化问题暂时脱离物理、化学等自然科学的范畴，而进入人类最本原的认知领域，即在哲学层面上寻求人们对问题本质的认识的一种尝试。只有这样，才能对问题做出正确的判断，并在此基础上建立行之有效的解决方案。"冥王星现象"的存在要求人们摒弃原有的认识，对全球气候变化展开重新的认识，来确定它到底是一个什么样的问题。

本章从问题的基本假定、预期影响和解决方案三个方面建立起对全球气候变化的认知比较框架，并在此框架下对它与"公地的悲剧"问题进行了概述性的比较，初步论述了新创建的框架中的内容。综合而言，全球气候变化并非由单一的人为原因造成，它是典型的不确定性问题。相比"公地的悲剧"，该问题更为复杂。目前人们仍无法掌握它可能造成的所有影响及其出现的概率。而随着科学技术的发展，清洁能源的使用成本将会逐步降低，这给未来的技术解决方案提供了可能。全球气候变化的这些特征决定了它的预期影响并非悲剧注定，而是复杂多样的：不同的国家或个体不可能达到风险均担的状态，引起危害的国家或个体不一定受害，受害的国家又不一定是引起危害的主体。面对全球气候变化这种国际环境问题，既缺乏高于国家主权的力量强制解决，又无法准确地对各国的温室气体排放权加以明晰，但同时不能忽略呼吁良知和责任的力量。这就是全球气候变化问题，一个从基本假定、预期影响到解决方案完全不同于"公地的悲剧"的问题。因此人们必须基于对全球气候变化的正确认知才能真正找到有别于《京都议定书》的更为有效的解决途径。

总之，本章通过全球气候变化与"公地的悲剧"间的比较分析建立起了全球气候变化的认知比较框架，但要充分论证该框架的合理性，有必要对框架中的三方面展开详细的讨论和分析来证明全球气候变化并非"公地的悲剧"，而是一种新的更为复杂的问题。这将是下面三章所要探讨的主要内容。

第 四 章

全球气候变化与"公地的悲剧"
具有不同的基本假定

如前所述,在问题的基本假定中,全球气候变化与"公地的悲剧"主要有三方面的差异。本章将分别就这三方面对这两者进行深入的比较分析,旨在从中梳理出全球气候变化问题的本质特点。

一 风险性问题与不确定性问题

"公地的悲剧"探讨的是风险性问题(Risk Problem),而全球气候变化探讨的是不确定性问题(Uncertainty Problem)。

从定义上看,风险性问题主要是指一个决策可能带来的后果可以列举清楚并且每一种结果(Consequence)可以被赋予一个概率(Probability)的问题。这些结果按照术语一般被称作

——气候变化问题的认知比较研究

"自然态"（State of Nature）或"宏观态"（State of the World）或简称为"态"（State）①。例如，假设不存在欺骗行为的情况，在投掷硬币的赌博游戏中，由于已知硬币的特性，所有"态"只有两种，硬币正面和反面，进而可以计算出每一种"态"出现的概率为1/2；在对汽车司机的保险中，则可以根据以往的诸多经验计算出不同年龄段汽车司机偶然事故发生的概率。诸如此类问题，都是典型的风险性问题，它们是可以通过问题以往的存在形式和（或）已有的潜在性质进行概率的分配。

在归纳出风险性问题的主要性质后可以用来观察哈丁提出的公地问题：哈丁以公用牧场为例指出，排除战争、侵略、疾病或自然灾害的因素，公地内在的逻辑必然无休止地产生悲剧。当每个牧民考虑在自己的牛群里再增加一头牛对他们有什么效益时，会发现这种效益是正、反两方面的。正效益是增加了一头牲畜所得的利润，其正效益接近于 +1。负效益是由于增加了一头牲畜造成的额外的超载放牧的影响，而这影响将由所有牧民共同承担，对于任何一个独立决策的牧民而言，这个负效益仅是 -1 中的一小份②。基于理性的考虑，即追求个人利益最大化的考虑，每个牧民将正负效益相加都会选择为他的牧群增加一头又一头牲畜。也就是说牧场的潜在性质是已知的，即资源

---

① Perman, Roger and Yue Ma, James McGilvray, Michael Common. Natural Resource and Environmental Economics, 3rd Ed. , *Pearson Education Limited*, 2003, p. 299, 350, 445.

② 〔美〕哈丁·加勒特：《公地的悲剧》，1968。〔美〕赫尔曼·E. 戴利，肯尼思·N. 汤森主编《珍惜地球——经济学、生态学、伦理学》，商务印书馆，2001，第 152 页。

具有有限性。假设在一定时期内牧草总量为 a，每超载一头牲畜，牧草的供应量就会减少 b（$b < a$），当超载放牧的牲畜数量达到 n 时，也就是当 $n \cdot b = a$ 时，超载所带来的后果只有一个——牧场的毁灭和每个牧民个人利益的毁灭。所以从风险上看，牧场的自由使用权必然带给所有人毁灭性的悲剧，导致悲剧的概率是1。可见，公地问题属于风险性问题。

与风险性问题不同，不确定性问题因为缺乏对问题以往的存在形式或者已有的潜在性质的很好理解而不能赋予所有"态"概率。不确定性一般有两种类型：一种是一般的不确定性，指可以预见一个决策的所有后果但是无法赋予它们概率；一种是根本不确定性问题（Radical Uncertainty），指无法预见一个决策的所有后果并赋予其概率（Radical Uncertainty）[①]。而全球气候变化就是难以预见全部可能的未来状态且无法赋予其概率的根本不确定性问题。即便按照生态经济学的理论来看，地球是个封闭的自我循环的系统，气候子系统的承载力是有限的，人们也无法确定这个承载力的极限会在什么时候出现，当前全球气候状况离这个极限还差很远，更何况地球还在与外界空间不断地进行着物质和能量的交换，而且有史以来人类对周围环境的变化还具有很强的适应能力，正如进化论中所述的人类的存在在于其对自然的最大的适应性。因此，全球气候变化难以用对待风险性问题那样进行概率分配。

---

① Perman, Roger and Yue Ma, James McGilvray, Michael Common. Natural Resource and Environmental Economics, 3rd Ed., *Pearson Education Limited*, 2003, p.299, 350, 445.

——气候变化问题的认知比较研究

在以往的研究中，人们经常会把风险性和不确定性问题混为一谈，甚至有人在探讨全球气候变化等环境问题时将两者并举，认为风险是由于问题的不确定性造成的[①]。这种误解主要源于人们对风险性问题中的概率认识不够清晰。概率一般有两种：一种是在以往形式或对事物的潜在性质的认识基础上赋予的概率，被称为"客观"概率，如抛硬币游戏中的概率即为"客观"概率；另一种是在决策时难以精确计算出真实概率，而主要依靠决策者个人的知识和能力判断出的各种结果的概率，被称为"主观"概率，如许多人基于前几场比赛中甲队的杰出表现认为此次足球比赛中甲队赢得比赛的概率是90%，这个数字并不是计算出来的，而是人们获得相关的信息后对问题进行的主观评判。"主观"概率赋予每个可能结果的概率之和为1，每个结果的概率一般都为正数。运用"主观"概率进行决策的时候，至少说明所有结果都可知（例如上例中甲队胜、甲队负、两队平共三种结果），且决策者认为自己能够这样做并依此评判出所有结果出现的概率。而面对不确定性问题时，决策者不仅无法掌握一种决策下的所有可能结果，"主观"概率也难以分配。全球气候变化问题所面临的就是这种现实。

简言之，风险的造成是问题的性质所引起的，不确定的造成则是对问题性质的认识不够完善造成的；引发两种问题的原因不同，两种问题所带来的影响不同，解决问题的方案自然也就不同。

---

① Perman, Roger and Yue Ma, James McGilvray, Michael Common. Natural Resource and Environmental Economics, 3rd Ed., *Pearson Education Limited*, 2003, p. 299, 350, 445.

二　单一影响因素与复杂影响因素

哈丁提出"公地的悲剧"时考虑造成悲剧的因素是单一的，他排除了战争、侵略、疾病等各种因素，假定社会稳定，造成悲剧的因素只有畜牧量对资源的诉求。体现在人口问题上，即人口的增长对资源的诉求。影响全球气候变化不只是人为温室气体排放这个因素，也是其他更多更为复杂的因素共同作用的结果。目前在气候变化问题上最大的争议正是在气候变化的成因方面。由于人们对复杂的气候系统及其影响的认知水平非常有限，对造成气候变化的原因的争论非常激烈。其中，尤以 IPCC（政府间气候变化专门委员会）为代表的"变暖派"和以 NIPCC（国际非政府间气候变化专门委员会）为代表的"反变暖派"之间的争论最为引人注意。IPCC 第五次气候变化评估报告指出，当前的气候变暖很大可能是人为因素造成的，而 NIPCC 在 2009 年和 2011 年出版的《气候变化再审视》系列报告则反对这种说法，并指出自然原因很可能是造成 20 世纪中期以来全球气温升高的主要原因。尤其是通过南极东方冰芯数据的恢复显示，大气中 CO_2 浓度的变化滞后于气温变化，从而引发对于 CO_2 浓度变化与温度变化因果关系具有不确定性的争议[①]。

---

① 〔美〕C. D. 伊狄梭，〔澳〕R. M. 卡特，〔美〕S. F. 辛格主编《气候变化再审视——非政府国际气候变化研究组报告》，科学出版社，2013。

由于各种不确定性的存在，目前对于造成全球气候变化的主要因素的说法各有不同，综合起来看，除了人为温室气体排放，至少还包括以下三种主要影响因素：全球暗化、气候变化的自然规律以及日益猛烈的阳光。

（一）全球暗化

近几十年来，全球暗化（Global Dimming）被认为是影响全球气候变化的重要因素之一。但是与其他影响因素不同，全球暗化的出现和发展并非会促进全球温度的上升，而是在一定程度上抵消了人为造成的温室效应的实际效力。

全球暗化，是指 20 世纪 50 年代以来出现的一种现象，即被地球表面吸收的太阳光照量（Solar Radiation）在逐渐减少。有学者发现从 20 世纪 50 年代到 90 年代初期，太阳光到达地球表面的能量分别在南极洲、美国、俄罗斯以及不列颠群岛减少了 9%、10%、近 30% 和 16%[①]。虽然全球暗化在世界不同的地区表现的程度不同，但整体来看，这期间全球平均光照量以每十年 1% ~2% 的速度不断地减少。

目前的研究认为，全球暗化主要是人为原因造成的，主要元凶是人类工业生产、地面运输等活动中排放的各种悬浮微粒。悬浮微粒具有吸收太阳能并反射太阳光到外太空的作用。日益严重的空气污染产生的悬浮微粒成为云滴的核子，并造成云滴数量的增多，形成了大量遮挡阳光进入地球的云雾。这些云雾

———————————

① BBC, Global Dimming, TV Programme, 2005.

不仅阻截了太阳光照量，也阻截了地球反射回外太空的能量。这一现象所产生的影响是复杂的，随着纬度、区域、时间的不同而不同。一般来说，云雾在白天主要起到冷却作用，阻截太阳光的照射，在晚上则起到阻截地球散热的作用。

还有一个重要的全球暗化元凶，就是飞机高空飞行留下的凝结尾流（Contrail）。由于全球航运的迅速增长，人们一直没有找到机会对此进行验证。美国"9·11"事件后的三天，全国停止了所有商用飞机的升空，给科学家提供了难得的验证机会，通过分析发现美国境内48个州在这三天内少有云、少有凝结尾流、白天温度更高、晚上温度更低，日温差增加了1℃。这是过去三十年内变化最剧烈的一次[1]，并在一定程度上说明了飞机凝结尾流对降低地球表面太阳光照的作用。

全球暗化除了会影响人类健康外，还会改变原有的气候系统，造成不良影响。例如，有学者分析指出，全球暗化影响了非洲撒哈拉地区的气候，使得降雨带无法北移至该地区并带来雨水，从而造成了严重的干旱，并威胁当地人的生命[2]。但是对于全球暗化的影响，目前的研究结果尚没有达成一致，并且由于数据收集的困难和研究方法的局限仍需进一步研究。

然而，缓解全球暗化并不一定意味着气候系统将归于正常。

---

[1]　BBC, Global Dimming, TV Programme, 2005.

[2]　Carraro, Carlo and Marzio Galeotti. "The future evolution of the Kyoto Protocol: costs, benefits and incentives to ratification and new international regimes." *Firms, Governments, and Climate Policy: Incentive - based Policies for Long - term Climate Change*, edited by C. Carraro and C. Egenhofer. Chetenham: Edward Elgar Publishing, 2003, p.276.

Wild 等人以及 Pinker 等人分别发现,自 1990 年以来,尤其是在欧洲随着空气污染的治理降低了悬浮颗粒的含量,暗化的趋势有所好转。然而暗化的趋缓却造成了温度的上升,温室效应的影响更为显著[1][2]。因此,全球暗化和全球变暖之间有着不可分割的密切关系。全球暗化对全球变暖的影响就是前者的出现所具备的冷却作用在一定程度上抵消了温室气体促进全球变暖中的实际效力。由于暗化与暖化的双重矛盾,人们担心侧重解决全球暗化问题将加速全球变暖,若侧重解决全球变暖问题将加重暗化的影响。

总之,全球暗化是影响全球气候的因素之一,它抵消了全球变暖的实际效力,而两者同时又对人类产生危害,这就需要更为谨慎地处理两者关系。如何找到一个最优点,既能有效缓解全球暗化同时又能有效缓解全球变暖,应该是当前所要考虑的重点问题之一。

(二) 气候变化的自然规律

人们普遍认为全球气候变化的影响因素来自两个方面。一方面是人类日益频繁的经济社会活动所致,另一方面则是自然

---

[1] Wild, Martin, Hans Gilgen, Andreas Roesch, Atsumu Ohmura, Charles N. Long, Ellsworth G. Dutton, Bruce Forgan, Ain Kallis, Viivi Russak, and Anatoly Tsvetkov, "From Dimming to Brightening: Decadal Changes in Solar Radiation at Earth's Surface," Science, 2005, 308 (5723): 847 - 850.

[2] Pinker, R. T., B. Zhang, and E. G. Dutton, "Do Satellites Detect Trends in Surface Solar Radiation?," Science, 2005, 308 (5723): 850 - 854.

界自身运动变化的规律所致。在当前强调人为影响的同时，也有学者认为全球气候变化首先是自然规律，其次是人为影响。

目前通过在极地的冰川岩芯中获得相应历史年代的气温和二氧化碳等大气化学成分含量的资料来分析气候演变过程是较受青睐的方法。通过这种方法，科学家们发现两万年以来，全球气温逐渐上升，近1万年以来一直处于高温期间，即间冰期。该分析与近数十年来实测全球平均气温逐渐增高的结果也是相符的。同时，还发现距今42万年之内共有四个高温期，其中距今33万年附近和13万年附近的两个高温期的平均气温都明显高于近1万年来高温期的平均气温。如果说近1万年内的高温期与人类活动有关，那么更远古的年代中，人为影响存在的可能性就很小了。这说明全球气候变化并非只缘于人为温室气体的排放，更应从自然规律中寻找答案。高登义指出，地球自身的气温变化规律是造成全球气候变化的第一位因素，人类活动的影响则是第二位的[①]。不仅要看重温室效应等造成全球气候变化的外因，还应认清气候变化的内因，即气候变化的自然规律。因此，他认为若要进一步探讨全球气候为何会出现当前的变化，应摒弃原有的仅从人为因素上下工夫的做法，而应从地球在宇宙中的地位以及它与宇宙中各种星体之间的相互作用来考虑。

还有科学家直接指出，全球变暖的现象并非二氧化碳增多所致。例如俄罗斯的科学家通过对全球气候演化过程的分析发

---

① 高登义：《全球变暖一定是"温室效应"吗?》，《北京青年报》2004年4月29日。

现，历史上每一次全球变暖时，大气温度和二氧化碳的表现都是一样的：大气温度率先开始上升，二氧化碳含量的增加则要落后几千年，但后者增加的速度比大气温度上升的速度快，一段时间后二氧化碳含量增加的速度就会超过温度提高的速度，而二氧化碳含量降低的速度也比温度降低的速度快[①]。

（三）日益猛烈的阳光

除了地球内部的因素外，科学家们相信，全球气候变化也有着来自地球以外的影响因素，其中太阳活动（Solar Activity）也可能是引起最近个半世纪全球气温上升的重要原因。李崇银等指出，太阳活动对地球温度的影响主要包括太阳辐射的直接影响和引发地球磁场变化的间接影响两个方面，而地球磁场的变化可通过动力过程和热力过程影响大气环流和气候变化[②]。然而，太阳活动对全球气候变化的影响却被低估了。实际上，Stott等认为太阳活动对当前全球气温的上升起到的作用占所有因素造成的影响的16%或36%，对于全球气候变化研究来说，这部分影响是不应被忽视的[③]。Marsh 和 Svensmark 认为银河宇宙

---

① 董映璧：《全球变暖并非二氧化碳增多之过》，《科技日报》2004 年 7 月 18 日。

② 李崇银、翁衡毅、高晓清、钟敏：《全球增暖的另一可能原因初探》，《大气科学》，2003，27（5），第 789～797 页。

③ Stott, Peter A., Gareth S. Jones, and John F. B. Mitchell. "Do Models Underestimate the Solar Contribution to Recent Climate Change?" *Journal of Climate*, 2003, (16): 4079–4093.

线流（Galactic Cosmic Rays Flux）的减少以及太阳活动的增强所造成的地球低空云量的减少是全球温度上升的主要原因[①]。

而研究也发现，太阳活动的程度与地球温度的高低有着直接的关系，并且在实际中也得到了验证：太阳黑子数目减少会造成地球出现寒冷期，数目增多则会造成地球温度上升。而近100年内太阳黑子的数目有所增加，在此期间全球温度也在不断上升。在过去20年里，全球气温10% ~30%的上升来自日益猛烈的太阳活动[②]，并且在过去的60 ~70年里，太阳活动的强度可能达到了8000年以来的最高水平[③]。因此，许多学者认为，阳光较以前猛烈是引起全球气候变化的主要原因之一。然而，对此观点的争议也非常激烈。例如，被视为权威的IPCC在第三次评估报告中利用模型分析认为太阳活动的变化难以解释过去40 ~50年里全球气候变化的现象[④]。无论该因素对当前全球气候变化的贡献到底有多大，从该角度出发来研究全球气候变化问题都扩展了人们认识全球气候变化的思维广度，说明了引起

① Marsh, Nigel, and Henrik Svensmark. , "Cosmic Rays, Clouds, and Climate", *Space Science Reviews*, 2000, （00）: 1 – 16.

② Basgall, Monte. Sun's Direct Role in Global Warming May Be Underestimated, Duke Physicists Report, 2007. http: //www. dukenews. duke. edu/2005/09/ sunwarm. html.

③ Solanki, S. K. , I. G. Usoskin, B. Kromer, M. & Schüssler, and J. Beer, "Unusual activity of the Sun during recent decades compared to the previous 11, 000 years. " *Nature*, 2004, （431）: 1084 – 1087.

④ IPCC. Climate Change 2001: Working Group I: The Scientific Basis. 2001, http: //www. grida. no/ climate/ipcc_ tar/wg1/456. htm.

全球气候变化的因素并非是单一的。

　　本书仅探讨了可能造成全球气候变化的三种因素，除此之外，人口数量的增长、消费心理的变化、政府政策方针的导向等社会因素也会对全球气候变化产生一定的影响，并且随着人们对气候系统的进一步认识，可能还有更多的因素仍待发掘。Meehl 等模拟研究了 1900 ~ 1994 年的全球气候变化情况指出（如图 4 - 1 所示），20 世纪影响全球气候变化的因素主要包括：温室气体的排放、人为硫酸盐的排放、太阳变动性（Solar Variability）、臭氧的变化（包括同温层和对流层内的变化），以及火山岩的排放（包括自然和人为的两种）[1]。其中，有的因素造成了温度的下降，有的造成了温度的上升，这些因素共同作用，最终使得全球平均气温从 1900 年到 1994 年上升了 0.52℃。

　　总之，全球气候变化是包括人为的、自然的、外太空的、地球内部的各种因素相互影响、共同作用的结果，那么在未来，气候将如何变化也将取决于这些因素的组合作用。因此研究全球气候变化问题的前提就是将这些影响因素都考虑进去。如果像讨论"公地的悲剧"一样，将问题的影响因素单一化，仅把人为温室气体排放作为全球气候变化的影响因素来考虑，就会影响人们对问题认识的全面性和准确性，也必然会影响人们寻

---

[1] Meehl, G. A., W. M. Washington, C. A. Ammann, J. M. Arblaster, T. M. L. Wigleym, and C. Tebaldi, "Combinations of Natural and Anthropogenic Forcings in Twentieth – Century Climate," *Journal of Climate*, 2004, （17）: 3721 – 3727.

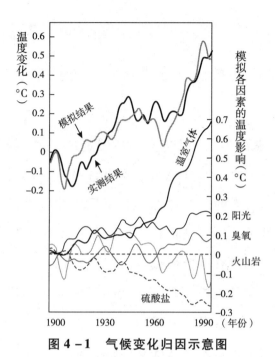

图 4 - 1 气候变化归因示意图

资料来源：基于 Meehl, G. A., W. M. Washington, C. A. Ammann, J. M. Arblaster, T. M. L. Wigleym and C. Tebaldi. "Combinations of Natural and Anthropogenic Forcings in Twentieth – Century Climate", *Journal of Climate*, 2004, （17）: 3721 – 3727 翻译制作。

找解决方案的方向。

不过，值得注意的是，目前对全球气候变化的影响因素的研究仍不够完善，一方面表现在各种因素所占影响效力的比率仍存在争议，另一方面表现在诸多研究仍停留在假说阶段，而这些假说之间也经常会出现矛盾。例如如果认同全球暗化，就等于相信太阳光照量在近几十年内呈减少趋势，这与阳光是造成全球气候变化的主要因素的假说恰好相反。所以，从影响因素来看，全球气候变化问题要比"公地的悲剧"复杂得多，目前尚无定论。

三 没有技术解决方案与可能有技术解决方案

"公地的悲剧"另一个重要前提假定是该问题没有技术解决方案。这个假定对于人口问题来说也许是合理的，因为无论出现任何技术，人们的理性选择都是不采用这些技术进行自我消亡。虽然各种避孕方法已存在千年，并且不断演进得更为科学有效，但这些却没有阻挡住世界人口数量的增多。这正是源于生育是人类自我延续的一种基本的生理和心理需求。据联合国公布的数据，2011 年年底，全球人口已经正式突破 70 亿大关。在技术先进的今天，人口总量依然在增加。

也就是说，技术（Technology）与技术解决方案（Technical Solution）是完全不同的。技术解决方案一般是指通过自然科学的途径，也就是在科学技术的基础上提出的方案。针对"公地的悲剧"问题，也许解决的科学技术已经完善，但却不存在有效的技术解决方案。另外一个典型的例子是核武器扩散问题。因为只要有一个国家还拥有核武器，其他的国家就有可能面临着被消灭的危险，所以即便人们已经完全掌握了拆卸核武器将核能转变为和平应用的技术，却难以通过任何技术解决方案来促使人们放弃核武器的生产。由于有了这样一个前提假定，哈丁在探讨"公地的悲剧"时建议采用的解决方案都是从社会科学的角度出发，强调要利用政治、经济等社会科学的力量。而在实践中，人们也主要是从这些方面寻找解决方案的。例如在核武器问题上，国际社会通过建立国际协议来规范各国的行为，并用经济制裁、国际舆论等方式来给不履行协议的国家施加压力。

那么对于全球气候变化来说，是否存在技术解决方案呢？答案虽然仍不确定，但绝对不是否定的。因为人们在研发减排温室气体的技术方面不断取得进步，而技术的成熟是技术解决方案的基础，在发展技术上的任何进步都可能使技术解决方案成为可能。从当前的科技水平来看，人们主要在三方面取得了降低温室气体排放的成效。首先是提高能源利用率，这是在短期内控制温室气体排放非常有效的方法。因为，提高能源利用率给减少温室气体排放、提高空气质量、降低生产成本、提高企业净利润提供了共存共赢的选择。其次是推广可持续、可再生能源的利用。实践证明，全球范围内对可再生能源的广泛政治支持已经产生了巨大的技术进步和客观的成本下降，致使全球能源供应日趋多元化。根据《BP 世界能源统计年鉴 2013》，在全球范围内，水电和可再生能源已经与煤炭展开了激烈角逐，仅用于发电的可再生能源消费量就增长了 15.2%[①]。这些可再生能源，如风能、太阳能都具有清洁能源的特性，因此它们的逐渐推进将进一步减少温室气体的排放。尤其是对于一些开发较晚的发展中国家的乡村地区，可再生能源利用的潜力相当大，如果将清洁能源发展考虑进去可以使发展中国家跨越不可持续

---

① BP 石油公司：BP 世界能源统计年鉴（2013 年 6 月），来自 BP 官方网站 http://www.bp.com。

的石化燃料技术，大幅降低潜在的温室气体排放量。另外，清洁技术的发展也使得生产过程和消费过程中产生的有毒有害物质的排放量逐渐降低。当前，许多清洁技术已经非常成熟，并且已投入市场，例如，在电力和工业领域，布袋除尘器和静电除尘器可以减少99%的颗粒物排放。烟气脱硫系统可以捕获高达98%的硫氧化物，而选择性催化还原技术则可以削减90%的氮氧化物的排放[①]。

　　虽然如此，当前这些技术的发展由于成本较高，尚难普及推广并转化成为一种可行的技术解决方案，所以人们主要采用政治、经济等社会科学的手段，希望通过国际合作的方式寻求问题的解决。然而，笔者认为全球气候变化的技术解决方案是有可能的。相比较而言，如果说人口问题没有技术解决方案是因为人们不会选择自我毁灭的话，人为温室气体的减排则不会遭到人们生理和心理上的抵抗，只是让人们选择先进的技术而放弃原有技术必须要满足两个前提条件：首先是先进技术的应用所带给使用者的成本优势和创造利润水平必须大于传统技术的应用；其次是技术的更新成本必须小于不更新造成的损失。正是由于现状还不能满足这两个条件，解决气候变化问题的各种先进技术还无法转化成为可行的技术解决方案。一旦条件满足，人们定会自动放弃传统的技术，选择更为有效且环保的技术。所以说，全球气候变化问题是一个存在技术解决方案可能的问题。

---

　　① UNEP:《全球环境展望年鉴2006》，中国环境科学出版社，2006，第51、52页。

四　小结

通过上述的分析可知，在问题的基本假定中全球气候变化至少与"公地的悲剧"有三处明显的差异。其中最关键的就是全球气候变化探讨的是不确定性问题，而非风险性问题。这一特征直接影响了全球气候变化问题所具有的其他区别于"公地的悲剧"的特征。例如，由于不确定性的存在，人们至今也难以确定影响全球气候变化的因素到底还有哪些，各种因素对气候变化的贡献率分别有多少；全球气候变化对人类的影响到底利有多大，弊有多大；依靠决策理论制定出来的决策是否有效。

另外，人们普遍认同引起全球气候变化的因素是多样的，只是不同的人群对各种影响因素赋予的权重各不相同，这完全有别于"公地的悲剧"中单一影响因素的前提假设。全球气候变化是自然的、人为的、社会的各种因素相互影响、共同作用的结果。其中，有的因素推动气温的上升，有的因素阻碍温度的上升；有的因素对气候的影响程度较高，有的因素对气候的影响程度较低，而且各种影响因素在不同的历史时期、不同的地理位置所起到的作用也会产生变化。这就如同力学中的向量合力，各种因素就是不同的向量，向量的合力就是全球气候变化的情况。那么在未来的发展中，全球气候变化的情况也就取决于各种因素向量的合力。由于多重影响因素的存在，探讨全球气候变化必须将这些因素共同纳入研究，而不能仅考虑人为温室气体排放的单一因素。

在问题的基本假定中，全球气候变化与"公地的悲剧"第三个区别体现在前者不应该基于没有技术解决方案的前提。随着技术的发展，全球气候变化在未来很有可能通过技术的途径得以解决。而这主要取决于技术淘汰过程中的转换成本（Switching Cost）的大小。作为经济人的理性选择，一旦转换成本合适，人们就会选择更为清洁环保的技术和设备。当然，在找到有效的技术解决方案之前，也不能忽略社会科学方面的力量。要认清全球气候变化问题，必须要从自然科学和社会科学两方面同步进行，缺一不可。要解决全球气候变化问题，就更不能忽视自然科学和社会科学两方面的途径。

综上，全球气候变化在问题的前提假定上体现出了比"公地的悲剧"更为复杂的一面。下一章将从预期影响方面继续探讨两者的差异。

第 五 章

全球气候变化与"公地的悲剧"
具有不同预期影响

全球气候变化，作为一个国际环境问题，在预期影响上体现出比"公地的悲剧"更为复杂和多样的情况，不仅从整体的长期影响来看并非注定悲剧，从个体的短期和长期影响来看也并非损益均担。下文将分别在这两方面对全球气候变化的预期影响进行详细论述。

一 悲剧注定与悲剧不定

悲剧是否注定，与所探讨的问题性质有关。公地的悲剧是典型的风险性问题。哈丁认为在公地自由使用的社会里，风险是显著的，然而每个人为了追求自身利益的最大化而愿意承担毁灭的风险，使得公地超载使用，争先恐后追求利益的结果必将带来公地以及所有人的毁灭，即悲剧是注定要产生的。然而，全球气候变化作为一个典型的不确定性问题，未来的局面是否一定是所有人的悲剧仍存在很大争议。直至目前，在全球平均温度趋于上升的同时，许多区域的温度却在下降，不同区域的温度变化情况有着非常大的差异，人们对于气候预测的高精确度仍仅仅停留在几天之内。采用美国国家航空航天局（NASA）戈达德空间研究所（GISS）的地表温度数据分析，可以对此有更为真切的了解。例如，选取 1951～1980 年作为基准年，2013 年（2012 年 12 月至 2013 年 11 月）全球年地表温度总体为上升趋势（图 5－1a），但个别地区地表温度没有显著变化；若选取 2008～2012 年作为基准年，2013 年的全球年地表温度上升的趋势就更不明显了，超过一半的地区温度不增反降（图 5－1b）。正如前文所提，近期的研究证明，全球气温增长的趋势明显比之前科学家采用模型预测的增温趋势缓慢得多[1]。

　　可见，气候系统是复杂的，它的许多变化在人们看来都是异常的，难以用已经掌握的知识来解释。可以说人们对气候系统及其影响的认识极为有限。而这种认知上的不完善和不确定性就造成了人们在气候变化的影响上产生了多种观点。将各种观点和理论归纳起来可以大致分为三种派别，即全球气候变化有害论、有益论和不定论。

---

[1]　Nate Cohn, Explaining the Global Warming Hatus – Grappling with Climate – change Nuance in a Toxic Political Environment, New Republic, June 18, 2013, http://www.newrepublic.com/article/113533/global – warming – hiatus – where – did – heat – go.

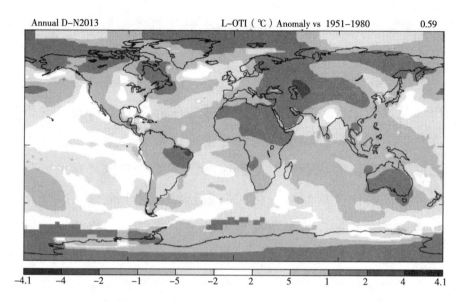

a. 2013 年气候变化异常情况示意图（基于 1951～1980 年）

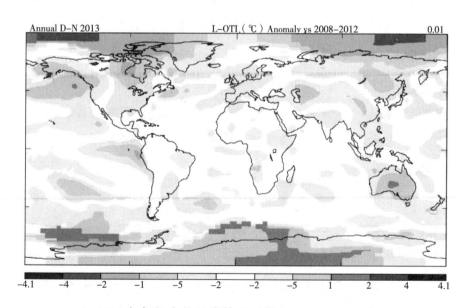

b. 2013 年气候变化异常情况（基于 2008～2012 年）

图 5－1 2013 年度全球平均地表温度异常示意图（℃）

资料来源：利用 NASA 网站制图数据系统产生出的 Global Temperature Trends：
2013 Summation. http：//data. giss. nasa. gov/gistemp/2004/。

>>> 公地的悲剧？
　　——气候变化问题的认知比较研究

　　早在 19 世纪 80 年代，就有一些科学机构提出了人类排放的温室气体会导致全球变暖这一观点，如果不加以控制就会给人类和环境带来严重的后果[①]。经过一个多世纪的研究发展，以 IPCC 为主的诸多科学机构和学者通过在全球范围内的气候研究和评估，虽不否认全球气候变化可能带来的益处，但认为全球气候变化的综合效应是负面的，是关乎全球命运的。他们可以被看作全球气候变化的有害论派。对于全球气候变化到底会带来什么样的影响甚至灾难，不再赘言，因为对它的研究占据了该领域研究的绝大部分并且已经极为系统，同时也占据了国际道德高地，被全世界所了解并被主流人群广为接受（这也在第二章中的全球气候变化的科学背景里作了具体介绍）。持有气候变化有害论者也就成为提倡加强温室气体排放控制的主要人群。然而到目前为止，全球气候变化的诸多灾难性的影响都是通过情景模拟等方法对未来的预测得出的，其中的不确定性仍然很大。即便是近年来发生的各种极端气候现象是否与人为温室气体的减排有直接关系也并没有确凿的证据。

　　相对而言，全球气候变化的有益论者则保持着较为乐观的看法，他们基本上不否认人为温室气体排放会带来全球变暖、海平面上升等现象。不过，一方面他们对主流观点所提出的各种负面影响的程度表示质疑，另一方面他们对

---

① Ågerup, Martin et al. , *Climate change and sustainable development: A blueprint from the Sustainable Development Network.* London: International Policy Network, p. 4, p. 16, 2004.

气候变化给人类造成的各种影响是否有害表示质疑。不少学者和机构指出气候变化对地球其实是有益的。例如，温度的上升有利于渔业的发展，某些物种的繁衍，使得处于寒冷地区的无法开垦的土地得以耕种，北方的冬天得以缩短，极地蕴藏丰富的资源得以开采等[1][2][3]。而那些可能带来的负面影响凭借人们已有的且不断进步的科学技术也是可以得以克服的。

无论是有害论还是有益论都过分强调气候变化单方面的影响，在人类对气候系统的认识仍很不充分的前提下，这两种论调都显得有些极端。而与这两种论调相比，气候变化的不定论处于两者之间，虽然不定论者承认人为因素造成了全球 CO_2 浓度的迅速提升，但认为气候变化的影响存在很大的不确定性，其利弊尚难断言，因此没有必要采取强制措施加以控制。不定论者认为全球气候变化的威胁其实很大程度上是因为威胁到了人们原有的生活方式，然而人类是具有较强适应性的，应该更多地考虑通过改变和调整生活方式去适应气候变化（Adapt to

① Rowland, Ian H. "Classical Theories of International Relations." *International Relations and Global Climate Change*, edited by U. Luterbacher and D. F. Sprinz. MIT Press, 2001, p. 56.

② Wright, L. J., R. A. Hoblyn, P. W. Atkinson, W. J. Sutherland, and P. M. Dolman. A Threatened Specied Benefits from Climate Change? 2002, www. britishecologicalsociety. org/articles/meetings/judging/woodlarkposter. pdf.

③ Krauss, Clifford, Steven Lee Myers, Andrew C. Revkin, and Simon Romero. "As Polar Ice Turns to Water, Dreams of Treasure Abound," *The New York Times*, 2005, October 10.

Climate Change)。有人甚至认为，人为温室气体排放并非是造成环境恶化、人类生存受到威胁等恶劣影响的根本问题①，相比之下，世界范围内的贫困问题才是根本。由于贫困，人们无暇顾及环境；由于贫困，人们没有资金投至技术创新；由于贫困，生存条件恶劣，人们适应气候变化的能力微弱。而事实证明世界上越贫困的地区环境脆弱性也就越高。因此人们与其在气候变化这个影响尚不确定的问题上耗费过多精力，不如将注意力转移到如何解决贫困问题上②。

从人们对气候变化的影响上进行的不同预期来看，气候变化的悲剧并不像"公地的悲剧"那样肯定。因此从全球范围来看，悲剧尚未注定。而对于个体来说，气候变化也显示出与"公地的悲剧"的巨大差异，本章将着重分析气候变化对个体的短期和长远利益造成的影响。

二　个体损益均等与个体损益不定

"公地的悲剧"认为公地的自由使用权在短期会给个体带来收益，但从长期来看，对于个体利益和公众利益来讲都是难以挽回的损失。而全球气候变化作为显著的国际环境问题，在短

---

① Lomborg, Bjørn. Global warming – are we doing the right thing? 2001, http://image. guardian. co. uk/sys – files/Guardian/documents/2001/08/14/warming. pdf.

② IPN, *Climate change and sustainable development: A blueprint from the Sustainable Development Network.*, London: International Policy Network, 2004.

期不一定会使个体受益，长期也不一定对个体有害。对于不同的国家、地区和个人来说，全球气候变化所带来的影响迥异。而且对于各国来说，全球气候变化已经不仅仅是科学问题，更牵扯到国家的政治经济利益。气候变化国际谈判的实质并非是探讨纯粹科学的问题，而是"分配日渐稀缺的温室气体大气容量资源。如果说几个世纪以来对国家疆土的分割已大体结束，那么，对环境容量资源的分割才刚刚开始"①，是国家利益的争夺。那么根据当前全球的利益格局来看，大致可以将世界划分成六大利益群体，即以石油业为主导的国家利益群体、小岛屿发展中国家利益群体、以俄罗斯为首的前苏联加盟共和国利益群体、以欧盟为主的大部分发达国家利益群体、以美国为首的少部分发达国家利益群体，以及大部分发展中国家利益群体。下面将分别对这六大群体受气候变化的影响和对待气候变化的态度与立场进行深入探讨。

（一）以石油业为主导的国家利益群体

如第二章所述，石油、天然气和煤炭为主的石化燃料的燃烧是造成人为温室气体排放的主要来源。其中，石油是当今世界能源的主体，被人们称为现代工业的"血液"，对工业发展有着不可替代的重要作用。目前全球有诸多国家的经济发展以石油业为主导（Oil‒Driven），这些国家主要集中在中东地区。中

---

① 李虎军：《继 WTO 之后最重要的一场国际谈判》，《南方周末》2007 年 2 月 15 日 A2 版。

东地区是"世界石油宝库",拥有世界上最丰富的石油资源。图5-2、5-3分别列出了世界石油储产比、石油产量和消费情况。根据 BP 石油公司的最新统计,截至 2012 年年底,世界已探明的石油储量[①]为 1.6689 万亿桶,足以满足 52.9 年的全球生产需要,其中石油输出国组织成员国继续保持龙头地位,占世界石油探明储量的 72.6%,其中仅伊拉克官方储量就上调了 69 亿桶。中东石油产量在海湾战争以后逐年攀升,到 2012 年年底已占世界总产量的 32.5%,比 2011 年提升了 0.9%[②]。与石油储量、产量相对,中东地区的石油消费量则非常低,仅占世界消费总量的 9.1%,石油主要用于出口[③],该地区国家已经成为当今世界能源的供给中心,这不仅由于该地区各国的石油储量大、产量高,还由于该地区石油油质好、油层浅、易于开采,而且油田离海近、便于运输,所以开采成本很低,不像俄罗斯和中亚国家的油田位于欧亚大陆腹带,必须建设费用高昂的输油管道。然而石油资源的富有也使得这些国家经济发展具有对石油产业的巨大依赖性。

---

① 此处石油(Oil)包括天然气凝析油、天然气液体产品(NGL)以及原油(Crude Oil)。

② 中东地区包括哪些国家一直存在争议,因为"中东"并非一个正式的地理术语。但一般泛指西亚和北非地区,大约有 22 个国家。其中,西亚国家包括沙特、伊朗、科威特、伊拉克、阿联酋、阿曼、卡塔尔、巴林、土耳其、以色列、巴勒斯坦、叙利亚、黎巴嫩、约旦、也门和塞浦路斯;北非包括苏丹、埃及、利比亚、突尼斯、阿尔及利亚、摩洛哥。也有共 24 个国家或 27 个国家等不同说法。此处特指盛产石油并且对石油业发展具有严重依赖的国家。

③ BP, BP Statistical Review of World Energy 2012, BP, 2013, p. 9.

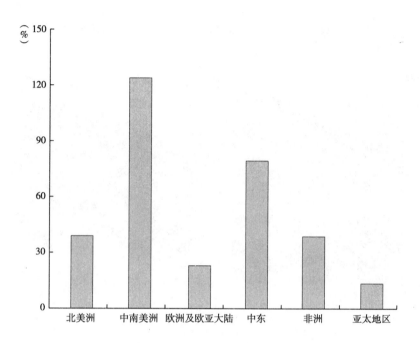

图 5 - 2　2012 年世界各区域石油储产比

资料来源：基于 BP. BP Statistical Review of World Energy 2012. BP，2013，p. 7. 翻译制作。

以伊拉克为例，该国出口收入的95％都来自石油业。国家经济的发展主要依赖石油出口贸易。从 1980 年开始历时 8 年的两伊战争（战因是两国为了争夺位于波斯湾西北部的阿拉伯河，该水道是两个国家重要石油出口通道，具有重要的战略位置）几乎破坏了伊拉克在波斯湾的所有港口设施，摧毁了它的石油外输能力，这使伊拉克陷入了巨大的财政危机。伊拉克政府因此采取缩减开支措施，并背上了沉重的外债，经济发展一度出现停滞。两伊战争中伊拉克至少损失了 100 亿美元。同时，伊朗在这次战争中也损失惨重，以石油产业为主的经济发展遭受重创。1988 年两伊战争结束后，随着伊拉克新石油管道的建设

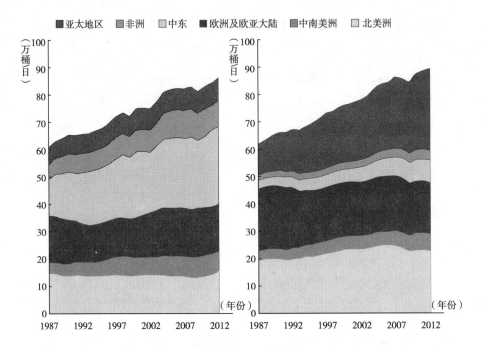

图5-3 1987～2012年世界石油产量及消费量分布变化图

注：2012年世界石油产量增加了190万桶/日，超过全球石油消费增幅的两倍多。美国石油产量增加了100万桶/日，涨幅为全球之最，同时也是美国有史以来最高纪录。利比亚的复苏推动了非洲石油产量的强势增长。世界石油消费量仅增长了89万桶/日。欧洲和北美洲消费量的下降部分抵消了其他地区消费量的增长。

资料来源：基于BP. Statistical Review of World Energy 2012，BP，2013，p. 12 翻译制作。

和损毁设施的重建，伊拉克的石油输出量才开始缓慢增长，经济才开始缓慢复苏。而1991年伊拉克入侵科威特和随后爆发的海湾战争由于战事本身以及联合国对伊拉克实行的以禁止石油输出为主的经济制裁，使得伊拉克在战争中以及战争后食品、药品严重短缺，经济再度遭到重创，人民生命受到威胁。1995年，联合国通过"石油换食品"计划（Oil-for-Food Program）对伊拉克进行食品、药品输入等人道主义物资援助，并允许伊拉克定量出口石油。1999 年联合国安全理事会批准伊拉克在该计划下自由出口石油以满足他国需要，这样一来伊拉克的石油出口量才得以逐渐增加，并带动了伊拉克经济的缓慢增长。而石油出口所赚利润的 28% 用于支付海湾战争赔偿和联合国在伊拉克各项活动的经费。2001 年伊拉克的 GDP 又有所下降，而这主要是全球经济滑坡和国际油价下跌所造成的。从伊拉克近几十年的历史不难看出，该国经济发展对石油业具有严重依赖性，石油出口是伊拉克 GDP 增长的核心力量。除该国之外，石油业也是其他中东国家的经济支柱产业。例如，沙特阿拉伯是世界上最大的石油储备国、最大的石油出口国，石油业的收入占全国总收入的大约 75%，占 GDP 的 45%，并占总出口收入的 90%；科威特的石油和天然气业的收入占全国 GDP 的 45%，总出口收入的 92%，以及政府收入的 75%；阿尔及利亚石油和天然气业的收入占全国总收入的 60%，占 GDP 的 30%，并占总出口收入的 95%[①]。

　　分析可见，中东国家丰富的石油主要用于出口以满足世界各国的能源需求，而石油贸易又是这些国家经济发展的支柱和满足人口增长所带来的就业问题的主要推动力。除了中东国家外，另外一些以石油业为主导的国家则散布在其他地区。例如，安哥拉、尼日利亚、委内瑞拉，这三个国家都是 OPEC 的成员，其经济的发展主要来自于石油为主的能源产业，该产业创收占 GDP 的 50%~90% 不等。这些对石油依赖性高的国家中，大部分还具有另一个相同的特征，即地理位置决定了它们的农业不会发

---

　　① 本段的数据搜集整理于维基百科：http://www.wikipedia.com。

达，多半农产品的需求靠进口来满足，还有一些国家，例如科威特连饮用水也要靠进口，因此全球气候变化对其本国的生产影响相对较小，环境脆弱性较低。也就是说缓解全球气候变化对它们来说并不如那些环境脆弱性高的国家来说那么急迫。而且，对于这些国家来说，推动清洁能源和技术的使用、减少人为温室气体排放还会造成石油出口量的大幅下降，直接影响国家经济命脉，这才是影响它们短期和长期发展利益的主要问题。例如，欧洲进口石油中的60%都来自中东国家，而清洁能源的推广和清洁技术的发展对欧洲进口石油的总量有很大影响，如图5-3所示，欧洲的石油消费量总体上呈下降趋势，这直接影响着对石油依赖性高的国家的经济与发展。OPEC曾经预测，到2020年OPEC国家每年因国际推广新能源技术而造成的损失将达到300亿美元①。因此，在面对全球气候变化的问题上，这些国家缺少动力，多数是采取消极观望的态度，即便是参与相关的国际协议，也是出于本国的经济利益考虑，而非为了保护环境。

表5-1　以石油业为主导的国家加入《京都议定书》的情形一览表

国家名称	OPEC 国家	中东 国家	签署 (Signature)	批准（Ratification），接受（Acceptance），加入（Accession），核准（Approval）	正式生效日 (Entry to force)
科威特	是	是	—	2005/03/11（Ac）	2005/06/09
伊朗	是	是	—	2005/08/22（Ac）	2005/11/20

① 本段的数据搜集整理于维基百科：http：//www.wikipedia.com Lardner, Peter, Britain Slams OPEC Bid for Climate Compensation. Reuters, 1998.12.13.

续表

国家名称	OPEC国家	中东国家	签署（Signature）	批准（Ratification），接受（Acceptance），加入（Accession），核准（Approval）	正式生效日（Entry to force）
沙特阿拉伯	是	是	—	2005/01/31（Ac）	2005/05/01
伊拉克	是	是	—	2009/07/28（Ac）	2009/10/26
阿拉伯联合酋长国	是	是	—	2005/11/26（Ac）	2005/04/26
阿曼	否	是	—	2005/01/19（Ac）	2005/04/19
卡塔尔	是	是	—	2005/01/11（Ac）	2005/04/11
巴林	否	是	—	2006/01/31（Ac）	20006/05/01
叙利亚	否	是	—	2006/01/27（Ac）	2006/04/27
利比亚	是	是	—	2006/08/24（Ac）	2006/11/22
阿尔及利亚	是	是	—	2005/02/16（Ac）	2005/05/17
安哥拉	是	否	—	2007/05/08（Ac）	2007/08/06
尼日利亚	是	否	—	2004/12/10（Ac）	2005/03/10
委内瑞拉	是	否	—	2005/02/18（Ac）	2005/05/19

注：R = 批准，At = 接受，Ap = 核准，Ac = 加入。

资料来源：基于 IPCC. Kyoto Protocol Status and Ratification. 2013. 10. 10 翻译整理；以及 OPEC 网站相关资料翻译整理。

表 5 - 1 列举了截至 2006 年 7 月 10 日这些石油依赖性高的国家参与《京都议定书》的情况。从表中可知，这些国家都没有签署该协议，而是在其他利益群体中的国家签署协议后陆续以加入的方式参与到协议中的。这些国家起初没有签署《京都议定书》正是因为他们认为该协议将严重阻碍本国的经济发展。OPEC 的发展部主任（OPEC Director of Research）Shokri Ghanem

在 1998 年提出："我们不是反对能够让全人类受益的科学或者技术的变革，但是我们也不想接受不公正的惩罚①。"因此 OPEC 提出联合国应该为《京都议定书》的实行而造成的 OPEC 和其他石油业主导的国家的损失进行相应的赔偿才是公正的做法。而 2005 年左右大部分石油业主导的国家参与到《京都议定书》中，也并非是改变了立场，而是认识到：虽然从理论上来看加入该协议受协议的约束，但该协议的内容却没有给予这些非附件 B 的国家任何约束，即不要求他们承担减排任务，并且还能享受协议中灵活的机制所带来的利益。正如伊朗的 Persian Journal 所述，《京都议定书》要求发达国家有责任向发展中国家提供技术转让和财政支持来帮助发展中国家，这使得 OPEC 国家加入该协议的需求变得强烈起来②。

从表中还可知，这些以石油业为主导的国家都属于发展中国家，其中安哥拉还被联合国列入世界 50 位最欠发达国家（the Least Developed Countries）之一③。相比全球气候变化问题，人民的贫困、失业和所负担的巨额外债才是这些国家面临的最大问题，而缓解全球气候变化并不能直接帮助他们解决这些问题。只有创造一个和平的环境，控制人口增长，同时确保并加大石

---

① Peter Lardner. "Britain Slams OPEC Bid for Climate Compensation", *Reuters*, November 13, 1998.

② Persian Journal, Iran Joins Kyoto Protocol, http://www.iranian.ws/cgi-bin/iran_news/exec/view.cgi/3/7660.

③ UN, The Current List of Least Developed Countries, http://www.un.org/esa/policy/devplan/ldc03list.pdf.

油这一支柱产业的发展，从而拉动国内经济增长，让国家摆脱贫困才是关键。除了贫困外，政局不稳、社会动荡也是部分国家难以顾及环境问题的主要原因。例如，伊拉克的常年战争和在美国支持下的政府换届中的混乱都使得国家和平与安定成为该国首要的发展目标。所以这些国家加入《京都议定书》协议最晚。

（二）小岛屿发展中国家利益群体

岛国，一般是指领土完全坐落于一个或多个岛屿之上的国家，目前世界上的岛国大多数是小岛屿发展中国家（Small Island Developing States，SIDS），总数为 51 个①，如马尔代夫、斐济、巴哈马等。国际上给予 SIDS 的定义是："领土面积小且海拔低的岛屿国家和地区，在可持续发展问题上它们面临相似的挑战，其中包括人口少、资源缺乏、地处偏远且孤立、自然灾害的高敏感性、过度依赖国际贸易以及全球发展的脆弱性。另外，它们难以实现经济的规模化生产，运输和通信的成本高，公共管理和基础建设昂贵"②。基于这些特点，小岛屿发展中

---

① 由于许多独立与半独立自治区都是位于岛屿之上且随时都有可能改变政府状态，因此这个数字有可能增减变化。51 个 SIDS 是根据联合国网站的数据得来（http：//www.un.org/special-rep/ohrlls/sid/list.htm），这些 SIDS 不仅包括主权独立的岛国，还包括 11 个国家属地和殖民地区，例如美属萨摩亚、关岛等都是属于美国管辖的非建制领地。许多小岛屿发展中国家都被列入世界最贫困国家之列。

② 引自：小岛屿发展中国家官方网站，Small Island Developing States（SIDS），http：//www.sidsnet.org/2.html。

国家对于全球气候变化和海平面上升等问题具有极高的敏感性。2005 年召开的"巴巴多斯行动计划十年回顾毛里求斯国际会议"上指出，小岛屿发展中国家首当其冲地受到全球气候变化和不充分发展战略的影响，而且对 47 个小岛屿发展中国家进行的环境脆弱性分析表明，47 个小岛屿发展中国家中，有 34 个处于高度脆弱或极其脆弱的行列，共 44 个具有环境脆弱性，只有 3 个 SIDS 面对气候变化仅存在一定的风险，而没有一个 SIDS 被认为是对气候变化具有适应力的[①]，如图5 - 4 所示。

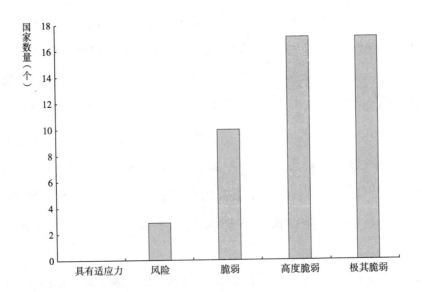

图 5 - 4 小岛屿发展中国家的环境脆弱性指数 (EVI)

资料来源：联合国环境署，《全球环境展望 GE04 旨在发展的环境》，中国环境科学出版社，2007，p. 333，图 7.21。

---

① UNEP：《全球环境展望年鉴 2006》，中国环境科学出版社，2006，第 51 ~ 52 页。

据统计,1961～2003年世界海平面每年平均升高1.8mm,而在1993～2003年十年间每年平均升高达3.1mm①。图5-5显示了这42年来全球平均气温和海平面的变化,虽然每年上升的高度很微弱,只以毫米计,但上升速度却在加快,IPCC第四次评估报告预测到2030年,海平面将上升大约89mm②。这个数字如果属实,那么到时这些岛国将面临最大的危害。例如,斐济、圣卢西亚以及巴哈马群岛将被淹没③。而目前,图瓦卢已经宣布

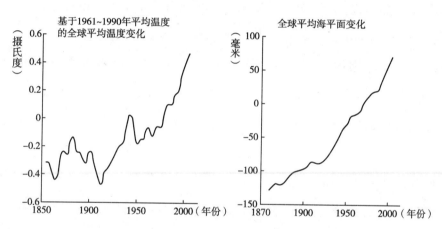

图5-5 世界平均温度及海平面变化示意图
(以1961～1990年平均数据为准)(EVI)

资料来源:基于 The Economist, Heating Up – A gloomy UN – backed report is published. Economist. com. 02. 02. 2007,翻译制作,http://www. economist. com/daily/news/displaystory. cfm? story_ id = 8649748。

---

① IPCC. Kyoto Protocol Status and Ratification. 2006. http://unfccc. int/files/essential_ background/kyoto_ protocol/application/pdf/kpstats. pdf.

② IPCC. Heating up:A gloomy UN – backed report is published. 2007. http://www. economist. com/daily/news/displaystory. cfm? story_ id = 8649748.

③ Reuters. "Indonesia may Lose 2, 000 Islands to Climate Change." *Reuters*, 2007. 01. 29.

整体迁移新西兰，这将是全球第一个因海平面上升而进行全民迁移的国家①。而新西兰也于 2006 年 3 月修改了其政府居住政策，每年允许接纳来自汤加、图瓦卢、基里巴斯和斐济的一小部分移民。从长期看，海平面上升不仅导致大规模移民，在迁移过程中有时还会导致冲突②。

虽然从目前来看，大部分岛国是否将被淹没仍属未知，但现实中海平面在一个半世纪的时间里的确在不断上升的现象却带来了至少以下几方面的影响：洪水（Inundation）和海岸洪水（Coastal Flooding）发生频率增加、海水侵蚀加剧、盐水渗入河流和地下蓄水层污染淡水系统，以及改变泥沙淤积规律（Sediment Deposition Patterns）③。这些影响对于岛国来说尤为显著。虽然有些岛国的面积相对较大且平均海拔较高，但人们大都集中生活在狭长且地势低的沿海地区，这一区域一般是岛国经济最为繁荣、经济活动最频繁的地方，因此气候变化和海平面上升所造成的危害也是巨大的。以汤加国的汤加塔布群岛（Tongatapu）④ 为例，如果平均海平面（Mean Sea Level，MSL）上升

---

① 杨教、丁峰：《图瓦卢灭顶之灾"讣告"》，《科技文萃》2002 年第 2 期，第 26~28 页。

② 联合国环境署：《全球环境展望 GE04 旨在发展的环境》，中国环境科学出版社，2007，第 333 页。

③ Minura, Nobuo, "Vulnerability of Island Countries in the South Pacific to Sea Level Rise and Climate Change," *Climate Research*, 1999, (12): 137 – 143.

④ 汤加国是位于南太平洋上的由 172 个岛屿组成的岛屿国家，有三大行政区域：瓦瓦乌群岛（Vava'u）、哈阿柏伊群岛（Ha'apai）和汤加塔布群岛（Tongatapu）。首都努库阿洛发（Nuku'alofa）位于汤加塔布群岛上。

0.3 米和 1 米，将会分别淹没 3.1 平方公里和 10.3 平方公里的国土面积，即岛上总面积的 1.1% 和 3.9%。岛上 2700 居民和 9000 居民将因此受到影响，占该岛人口总数的 4.3% 和 14.2%。如果出现潮位高 2.8 米的风暴潮（曾经在 1982 年发生过），再加上海平面上升 0.3 米，那么岛上 11% 的面积和 37% 的人口将遭遇危险。如果海平面上升 1 米，那么这两个数据将分别达到 14% 和 46%[①]。

简言之，全球气候变化和海平面上升对这些岛国来说是威胁较大的，它们比内陆的、海拔较高的国家来说更加重视全球气候变化问题。然而它们的地理和资源特征决定了它们并不是人为制造温室气体排放的主要力量。因为这些岛国受面积和自然资源的限制，一般难以发展具有规模的农业和工业，而多以旅游业等污染少的行业作为经济的支柱产业。这使得这些岛国的生存环境并非掌握在本国手里，而是更大程度上掌握在那些高污染、高排放的国家手里。因此，推动全球范围共同缓解气候变化是符合这些国家短期和长期发展利益的，更是关乎它们存亡的重要问题。这一立场决定了它们成为积极推动制订旨在缓解全球气候变化的国际协议的主要力量之一。除了这些国家以外，还有一些面积相对较大的岛屿发展中国家也同样面临着气候变化和海平面上升的威胁，世界上第一大群岛国家印度尼西亚被预测到 2030 年将有 2000 座岛屿可能被淹没[②]。表 5 - 2

---

① Economist. com，"The Environment：Green Sums."*The Economist*，2007. 2. 22. http：//www. economist. com/world/na/displaystory.

② 印度尼西亚是由 17000 座岛屿组成的群岛国家。

列出了以不同形式参与到《京都议定书》中的主权独立的 35 个小岛屿发展中国家。这些参与到国际协议中的岛国，近一半的国家签署了协议，并分别通过本国国会批准或核准的方式正式投入履行协议国家的行列①，而以加入方式参与进来的国家在加入的日期上也都表现出参与的积极性，这与前面所述的石油业主导的国家利益群体的态度有明显的差别。另外，在签署协议时各国所做的声明中，有三个国家指出《京都议定书》对于控制温室气体排放所做的努力还远远不够，设定的减排标准也太低，难以有效减缓人为造成的全球气候变化，而这三个国家都是小岛国发展中国家，即纽埃岛、库克群岛和瑙鲁②。可见加强国际温室气体减排力度、减缓全球气候变化对这些国家来说具有至关重要的意义。

（三）以俄罗斯为主的前苏联加盟共和国的利益群体

前苏联加盟共和国中的国家与其他的利益群体相比较，具有两个重要的特点。首先近一二十年来这些国家对人为温室气体

---

① 联合国对批准、接受、核准和加入分别作了界定：批准、接受和核准是已签署公约的国家在国际上确定其同意受公约约束的国际行动，具有相同的国际法律效力。有待接受和核准的签署主要是为了向一国政府提供进一步审查条约的机会，而不一定必须将其提交特定宪法程序以获得批准。加入同样是一项国际行动，未签署条约的国家或国际组织据此在国际上确定其同意受条约的约束。该定义整理翻译自 UN 官方网站 "Treaty Reference Guide"：http：//untreaty. un. org/English/guide. asp。

② IPCC. Kyoto Protocol Status and Ratification, 2006. http：//unfccc. int/files/essential_ background/kyoto_ protocol/application/pdf/kpstats. pdf.

表 5－2　参与《京都议定书》的小岛屿发展中国家一览表

国家名称	签署 （Signature）	批准（Ratification）， 接受（Acceptance）， 加入（Accession）， 核准（Approval）	正式生效日 （Entry to force）
安提瓜和巴布达	1998/03/16	1998/11/03（R）	2005/02/16
巴哈马	—	1999/04/09（Ac）	2005/02/16
巴林	—	2006/01/31（Ac）	2006/05/01
巴巴多斯	—	2000/08/07（Ac）	2005/02/16
伯利兹	—	2003/09/26（Ac）	2005/02/16
佛得角	—	2006/02/10（Ac）	2006/05/11
库克岛	1998/09/16	200108/27（R）	2005/02/16
古巴	1999/03/15	2002/04/30（R）	2005/02/16
塞浦路斯	—	1999/07/16（Ac）	2005/02/16
多米尼克	—	2005/01/25（Ac）	2005/04/25
多米尼加共和国	—	2002/02/12（Ac）	2005/02/16
斐济	1998/09/17	1998/09/17（R）	2005/02/16
格林纳达	—	2002/08/06（Ac）	2005/02/16
几内亚比绍共和国	—	2005/11/18（Ac）	2006/02/16
圭亚那	—	2003/08/05（Ac）	2005/02/16
海地		2005/07/06（Ac）	2005/10/04
牙买加	—	1999/06/28（Ac）	2005/02/16
基里巴斯	—	2000/09/07（Ac）	2005/02/16
马尔代夫	1998/03/16	1998/12/30（R）	2005/02/16
马绍尔群岛	1998/03/17	2003/08/11（R）	2005/02/16
毛里求斯	—	2001/05/09（Ac）	2005/02/16
密克罗尼西亚	1998/03/17	1999/06/21（R）	2005/02/16
瑙鲁	—	2001/08/16（R）	2005/02/16
帕劳	—	1999/12/10（Ac）	2005/02/16

续表

国家名称	签署 （Signature）	批准（Ratification）， 接受（Acceptance）， 加入（Accession）， 核准（Approval）	正式生效日 （Entry to force）
纽埃岛	1998/12/08	1999/05/06（R）	2005/02/16
巴布亚新几内亚	1999/03/02	2002/03/28（R）	2005/02/16
圣文森特及格林纳丁斯	1998/03/19	2004/12/31（R）	2005/03/31
圣卢西亚	1998/03/16	2003/08/20（R）	2005/02/16
萨摩亚	1998/03/16	2000/11/27（R）	2005/02/16
所罗门群岛	1998/09/29	2003/03/13（R）	2005/02/16
塞舌尔	1998/03/20	2002/07/22（R）	2005/02/16
新加坡*	—	2006/04/12（Ac）	2006/07/11
特立尼达和多巴哥	1999/01/07	1999/01/28（R）	2005/02/16
图瓦卢	1998/11/16	1998/11/16（R）	2005/02/16
瓦努阿图	—	2001/07/17（Ac）	2005/02/16

　　注：R＝批准，At＝接受，Ap＝核准，Ac＝加入；＊号注释的新加坡按照国内生产总值和社会发展水平应属于发达国家，也被世界银行和国际货币基金会认为如此，但其提出自己改称"较发达的发展中国家"。

　　资料来源：基于 IPCC. Kyoto Protocol Status and Ratification. 2013. 10. 10 翻译整理。

排放的贡献率较低。由于 20 世纪 80 至 90 年代政治变革和经济转型使得这些国家重工业发展日趋衰弱，人为排放的温室气体总量也随之迅速下降，对于 20 世纪 90 年代以来人为造成的全球气候变化的贡献非常微弱，甚至有些国家的温室气体排放量比 1990 年的排放量还要低。其次是这些国家的地理特征和资源禀赋特征使得这些国家对于气候变化的脆弱性较低。这些国家自然资源大多十分丰富，种类多、储量大，所处地理位置也在较高纬度，受气候变化、海平面上升的影响相对较小，甚至还有诸多益处，例如气温的升高有助于可耕地面积的增多、冬天更加温暖、气候更适宜生存、供暖能源使用量大大减少、有助于旅游业的发展等。这两个特征使得这些国家对气候变化的敏感性较弱，在是否要采取积极且强有力的措施来减缓全球气候变化的问题上保持着一种中立的态度。表5-3列出了15个前苏联加盟共和国参与《京都议定书》的情况，其中哈萨克斯坦虽然1999年就签署了协议，但直到2009年，即十年后才批准了该协议；大部分国家也并不承担减排任务，仅有的5个附件B缔约方，又只有三个国家承担具体的减排任务，所承担的减排量除了俄罗斯为17.4%，爱沙尼亚和拉脱维亚分别仅为0.3%和0.2%[①]。这些国家即便是加入国际协议，多数也并非本着环境保护的目的，更多的则是另有他图，如通过联合执行机制吸引外国投资、促进技术革新；通过在国际排放贸易中出卖排放额来赚取更多经济收益等。其中最为典型的就是俄罗斯。

表5-3　前苏联加盟共和国参与《京都议定书》一览表

国家名称	签署 （Signature）	批准（Ratification），接受（Acceptance），加入（Accession），核准（Approval）	正式生效日 （Entry to force）
俄罗斯*	1999/03/11	2004/11/18（R）	2005/02/16
立陶宛*	1998/09/21	2003/01/03（R）	2005/02/16
乌克兰*	1999/03/15	2004/04/12（R）	2005/02/16

---

① IPCC, Kyoto Protocol Status and Ratification, 2006. http://unfccc.int/files/essential_ background/kyoto_ protocol/application/pdf/kpstats. pdf.

续表

国家名称	签署 （Signature）	批准（Ratification）， 接受（Acceptance）， 加入（Accession）， 核准（Approval）	正式生效日 （Entry to force）
白俄罗斯	—	2005/08/26（A）	2005/11/24
爱沙尼亚*	1998/12/03	2002/10/14（R）	2005/02/16
拉脱维亚*	1998/12/14	2002/07/05（R）	2005/02/16
摩尔多瓦	—	2003/04/22（A）	2005/02/16
格鲁吉亚	—	1999/06/16（Ac）	2005/02/16
亚美尼亚	—	2003/04/25（Ac）	2005/02/16
阿塞拜疆	—	2000/09/28（Ac）	2005/02/16
哈萨克斯坦	1999/03/12	2009/06/19（R）	2009/09/17
吉尔吉斯斯坦	—	2003/05/13（Ac）	2005/02/16
乌兹别克斯坦	1998/11/20	1999/10/12（R）	2005/02/16
土库曼斯坦	1998/09/28	1999/01/11（R）	2005/02/16
塔吉克斯坦	—	2008/12/29（A）	2009/03/29

注：R＝批准，At＝接受，Ap＝核准，Ac＝加入；＊号注释的国家属于附件B国家，承担相应的减排任务。

资料来源：基于 IPCC. Kyoto Protocol Status and Ratification. 2013 年 10 月 10 日翻译整理。

俄罗斯横跨欧亚大陆，是世界上领土面积最大、自然资源异常丰富的国家。从地理上看，该国地域辽阔，自然条件多种多样，从高纬向低纬分布有极地荒漠带、苔原带、森林苔原带、森林带、森林草原带、草原带等自然景观带（或称自然地带），从地势上来看，整体海拔较高，由西向东地势逐渐升高。俄罗斯的自然景观带为其各具特点的农业和林业的形成和发展提供了重要的自然物质基础。俄罗斯森林覆盖面积占全国土地面积的一半以上，居世界第一位；农业用地面积占全国土地面积的10%左右，占世界耕地面积的8%，也居世界前列。除此之外，俄罗斯地质结构复杂，矿产资源也相当丰富，如已探明的石油储量为65亿吨，占世界探明储量的12%~13%，居世界第二位；已探明的天然气蕴藏量为48万亿立方米，占世界探明储量的1/3，居世界第一位；煤蕴藏量为2000亿吨，居世界第二位；铝蕴藏量居世界第二位、铁蕴藏量居世界第一位、铀蕴藏量居世界第七位、黄金储藏量居世界第四至第五位，还有许多其他种类的矿藏资源。自然条件和自然资源的多样性为俄罗斯经济的综合发展提供了先决条件，使其经济发展不依赖于任何一种特定产业，更不依赖于某种对气候变化较为敏感的产业。另外，由于自然条件的限制，俄罗斯广阔的东部地区永久冻土带广布，条件严酷，难以发展种植业，限制了工业和城市建设以及人口的迁移，造成了俄罗斯人口分布的严重不均衡，即一半以上的人口居住在欧洲部分，东部的亚洲部分人口稀少，平均每平方公里仅3.5人，而西伯利亚地区平均每平方公里仅有1人①。倘若气候变暖，可能会降低开发东部地区的难度，使更多的土地可以被人利用。地理上的特征决定了俄罗斯一方面不像那些海拔较低、资源相对缺乏的国家一样对气候变化极其敏感，另一方面还可能在全球变暖中获益，促进严寒地区的开发。正如俄罗斯总统普京所言："如果全球再增温2至3度的话也绝不是什

---

① 俄罗斯的相关数据分别搜集于维基百科、俄政府官方网站和其他网络资料。

么大问题。也许那还将是件好事情——我们至少会在购买毛皮大衣上省钱。"① 因此，在对待全球气候变化问题上，俄罗斯的态度不会像环境脆弱性较高的荷兰以及一些小岛国家那样激进，而是将加入减缓全球气候变化的国际协议当作为本国赢取更多利益的筹码。这也就是俄罗斯在《京都议定书》的批准上表现出反复无常态度的原因所在。

1999 年俄罗斯签署了《京都议定书》之后陆续表示过愿意批准该协议、可能会批准、不会批准、会批准、不会批准，其态度反复多次，最主要的原因就是为了与欧盟等力推该协议的群体讨价还价，获取最大的本国利益。这些现象表明俄罗斯将该协议看作有利可图的政治协议，而非环境协议。原本俄罗斯想要批准该协议主要是因为根据国家能源部门预计，通过协议的国际排放交易机制每年能为俄罗斯赚取 5 亿~40 亿美元。然而 2001 年 3 月美国宣布单方面退出该协议使得俄罗斯预计的利润大打折扣，这成为俄罗斯不批准该协议的主要原因。因此俄罗斯要求欧盟和日本必须允诺购买俄罗斯的碳排放额，并且在 2001 年 10 月至 11 月于摩洛哥召开的缔约方第七届会议（COP 7）上，俄罗斯借机把在波恩协定中规定的每年 1763 万吨的森林碳汇额度增加到 3300 万吨，以求在国际碳交易市场上赚取大量外汇。为了争取俄罗斯批准《京都议定书》，七十七国集团加中国和欧盟在该问题上作了妥协，这也无疑削弱了协议的环境效力。除此之外，俄罗斯还拿批准该协议为筹码鼓动欧盟支持

---

① Sergei Blagov, "Russia: Show me the money." *Asia Times*, Dec. 9, 2003.

它加入世界贸易组织，以求得本国经济利益的进一步增大。2004年5月，双方签署了欧盟支持俄罗斯加入世界贸易组织的议定书，同年11月俄罗斯就批准了《京都议定书》。

因此，对于俄罗斯等前苏联加盟共和国国家来说，参与《京都议定书》并非是出于减少温室气体排放的动力，而是通过加入协议为国家赢得更多的经济和政治利益。更何况全球气候变化对其负面影响相对较小，甚至温度的升高会给它们带来农业生产率的提高，更适宜生存的气候。也就是说减缓全球气候变化是否分别符合它们的短期和长期利益并非取决于自然科学中气候变化所带来的影响，而取决于参与减缓的国际行动是否能够换取到令它们满意的经济和国家利益。

（四）以美国为首的个别发达国家的利益群体

该利益群体主要包括美国、澳大利亚和加拿大等。相比其他国家，它们具有的以下几点特征决定了其在全球气候变化问题上的立场。首先，从地理上看，这三个国家都是领土面积广阔、自然条件多样、自然资源丰富的国家，相对岛国来说，环境脆弱性较低，但由于海岸线长，沿海地区人口稠密，相对那些内陆海拔较高的国家来说，环境脆弱性又较高。其次，从经济上看，这些国家经济发达，其中美国还是世界上最大的经济体，工业发展水平较高，占国民经济总产值的份额很高，且工业的发展主要依靠化石燃料能源。对它们来说，环境保护和经济发展是一对很难调和的矛盾。另外，从能源消耗和环境来看，这个矛盾的确是存在的，其中，美国和澳大利亚无论是能源消耗量还是人均温室气体排放量都居世界前列，其中澳大利亚人均温室气体排放量于 2010 年超过美国，成为附件 B 国家中的第一位。而加拿大由于国内经济结构转型，从以制造业、高科技产业为主，转变为以石油、林木等资源性产品出口为主[①]，导致加拿大二氧化碳排放总量不降反升，人均温室气体排放量也位居附件 B 国家第三位[②]。这些特点决定了这些国家不愿以牺牲经济换取环境的态度，但也绝非否定环境的重要性，而是按照自身的发展目标在不以牺牲经济发展为代价的情况下进行环境保护。虽说美国政府意识到了全球气候变化将是一项重大挑战[③]，但是相比《京都议定书》中强制性的设定减排任务，美国认为减缓全球气候变化可以更人性化。也就是说减缓全球气候变化是符合两国长期利益的，但绝对不能在短期内以牺牲经济利益为前提来采取《京都议定书》所规定的严格的环境管制措施。下面以美国为例，分析探讨该利益群体在气候变化问题上的立场与态度。

美国，领土面积广袤，居世界前列，陆地面积主要分为阿帕拉契山区、沿岸低地、中部平原区、奥沙克山区、落基山脉、西部草原和盆地，以及太平洋海岸低地七大地区，地质结构复杂，气候类型多样，几乎拥有世界上所有的气候类型，但是总体来说

---

① 陶短房：《加拿大为什么要退出〈京都议定书〉》，经济观察网，2011 年 12 月 14 日。

② Jos G. J. Olivier, Greet Janssens - Maenhout, Jeroen A. H. W. Peters. Trends in Global CO_2 Emissions 2012 Report, PBL Netherlands Environmental Assessment Agency, 2012, p. 29.

③ Economist. com, "The Environment: Green Sums", *The Economist*, 2007. 2. 22. http://www. economist. com/world/na/displaystory. cfm? story_ id = 8746382.

气候相对温和又能取得足够的降雨量，适合农牧林业的发展。优越的地理位置、地质结构和气候条件使得美国拥有得天独厚的自然资源，农业、矿产和森林资源丰富，在世界上均处于举足轻重的地位。例如，美国是世界上重要的农业国之一，农业用地占地球农业用地的10%左右，粮食产量占世界总产量的1/5，主要农畜产品如小麦、玉米、大豆、棉花、肉类等产量均居世界第一位。另外，美国拥有的森林面积占全国总面积的31.5%左右，也是重要的林业国家。而农林的发展，尤其是农业的发展，对气候变化是非常敏感的。同时由于美国海岸线较长，沿海地区人口密集，领土内也包括岛屿，因此美国是一个对气候变化、环境变化较为敏感的国家，这也促使美国向来很重视对全球气候变化的研究和探索，并为推进国际上气候变化问题的研究做出了重大贡献。

从经济角度出发，美国作为世界第一大经济体，经济稳定，工业发达，工业的发展主要依赖石油、煤炭、天然气等化石燃料。美国不仅是世界上最大的能源生产国，也是最大的能源消费国和能源进口国。而且美国能源的消费量持续增加，估计到2020年美国石油在一次能源消费结构中的比例仍将保持39%的水平、天然气将从2000年的24%上升到28%、煤炭将从23%下降到21%、核能将从9%下降到5%、再生能源仍将保持在7%的水平。在未来20年内，能源消费总量将增加32%，而石油消费量将增加33%，天然气将增加50%以上[①]。也就是说石

---

① 刘小丽：《美国新能源政策及对我国的启示》，国家发展和改革委员会能源研究所，2006. http：//www. eri. org. cn/manage/englishfile/50 - 2005 - 9 - 13 - 503686. pdf。

油和天然气等产生温室气体的不可再生能源仍将是推动美国经济发展的主要能源，两者有密不可分的关系。另外值得关注的是，随着美国页岩气技术的成熟及其产量的飙升，美国的能源结构也在发生着巨大的转变。据统计，2004年，美国页岩气井仅有2900口，2007年暴增至41726口，到2009年，页岩气生产井数达到了98590口。这种增长势头依然持续，2011年仅新建的页岩油气井数就达到了10173口。这使得美国能源自给水平迅速提高，石油进口从2005年占石油总消费量的60%下降到2012年的42%，而且，在2009年已经超越俄罗斯成为最大的天然气生产国。国际能源署在2012年发布的预测指出：美国在2017年将超过沙特成为最大的石油生产国，到2035年美国将实现能源自给自足[①]。而这种能源结构的变革不仅会带来世界格局和地缘政治的扭转，还给美国政府在国际社会上重新表现出对减排的积极态度带来了机会。

而美国经济还有一个重要特点就是经济命脉主要掌握在大型金融财团手里，这些财团与政府之间又有着密切联系。美国每一任总统的竞选和任职期间，都代表着背后一部分财团的利益，这也导致美国政府气候变化问题态度的多变和反复。早在20世纪60年代，时任美国总统的约翰·肯尼迪就号召美国政府加强气候预测和控制等方面的研究，并积极开展国际合作；冷战之后，美国国家安全战略又将环境事务提升到国家安全利益

---

① 王泽方：《美国页岩气开发情况分析》，《中国财经报》2013年10月31日第二版。

的高度；1992 年联合国首次环发大会又因老布什政府的积极促进而通过了《联合国气候变化框架公约》。1997 年美国国务院发表了《环境外交报告》，次年克林顿政府又签署了《京都议定书》；然而 2001 年小布什政府退出了议定书，并在气候问题上保持着较为保守的态度。奥巴马上台后虽然明确表示接受全球变暖的科学事实，但是他的很多环境政策和主张不仅得不到共和党的支持，也在民主党内遇到诸多困难和阻碍①②③。这其实和美国政府与诸多能源企业保持着微妙的关系有很大关联。

　　无论是小布什还是当年的老布什，他们踏入政坛前的从政资本都是从经营石油产业获得的。而布什政府内的高官也都与重要的石油企业有过或保持着密切的联系。如前副总统切尼于1995～2000 年担任过哈利伯顿油田服务公司的董事长兼 CEO，公司的客户都是美孚石油这样的能源巨头；前国务卿赖斯曾是大石油公司雪佛龙董事会的成员，该公司的一艘万吨级油轮就以她的名字命名，为的是希望她进入白宫后仍不会忘记该公司的利益；原商务部长埃文斯和原能源部长亚伯拉罕都曾是另一家石油大王汤姆·布朗天然气公司的主管，其中埃文斯作为布什总统竞选委员会主席，曾帮助布什筹集了 1 亿多美元的竞选资金。"布什政府血管中流动的是石油，排出的是二氧化碳"，

---

① 于宏源：《体制与能力：试析美国气候外交的二元影响因素》，《当代亚太》2012 年第 4 期，第 113～129 页。

② 何忠义、盛中超：《冷战后美国环境外交政策分析》，《国际论坛》2003 年第 1 期，第 66～67 页。

③ 蔡守秋：《论环境外交的发展趋势和特点》，《上海环境科学》1999 年第 6期，第 26 页。

有人曾经这样形容[①]。2007 年在对工业事业的可再生能源立法一事中，美国能源部长博德曼就表示不会支持要求电力公用事业 15% 的电能必须产自可再生能源的立法，同时也认为政府不会支持任何将可再生能源税收减免期限延长五至十年的法案[②]。这种抑制可再生能源发展的做法表明了布什政府对待传统能源以及能源企业的重视，而这种重视不仅出于经济方面考虑，更出于政治方面的考虑。

而当前的奥巴马政府，虽然制订了一系列相关政策，采取了许多积极措施，并力图重塑美国在全球气候治理中的领导地位，但其依然面临着诸多挑战和困境。首先，如上所言，能源企业、政府与经济之间存在的相互交错的复杂而微妙的关系在一定程度上造成了美国国内环境保护与经济发展之间存在一种难以调和的矛盾。例如，2013 年 5 月，美国商会和其他工业团体以及一些亲共和党州，连续几周内向美国高等法院提交了 9 条申诉，要求审查美国环保局旨在削减温室气体排放的 4 项规定。若法院受理其中任何一个申诉，则会成为自 2007 年马萨诸

① 汪静：《布什政府的石油"基因"》，新华网，2003 年 2 月 24 日，http：//news. xinhuanet. com/fortune/2003 – 02/24/ content_ 742722. htm。

② 新华网《美国能源部长：将反对针对公用事业的可再生能源立法》2007 年 2 月 12 日。http：//www. ah. xinhuanet. com/swcl2006/2007 – 02/12/content_ 9287556. htm.

2013 年 10 月 5 日通过美国人口调查局（U. S. Census Bureau）美国与世界人口时钟网站（http：//www. census. gov/main/www/popclock. html）显示数据计算得出美国人口占世界总人口的 4.44%，考虑到人口浮动，将美国人口占世界人口比扩展为 4% ~5% 之间。

塞州诉讼环保局以来最大的环境案件①。虽然经过 2 个月的审理，美国高等法院拒绝了所有申诉②，但从中不难看出美国社会，尤其是企业界，对于奥巴马政府积极应对气候变化问题的态度依然存在不同的声音。其次，奥巴马政府大力推广可再生能源、清洁燃料等有利于温室气体减排的环境政策也因为推行过程中带来的社会影响而受阻。例如，美国国会 2005 年制订的"可再生燃料标准"计划通过混合生物燃料和汽油、柴油来减少对外国石油的依赖，并降低温室气体排放量，从此，美国乙醇产量增加了两倍，国内 40% 的玉米收成都用于燃料制作，这一方面使得世界其他地区为了弥补相应的粮食供给短缺而毁林耕田，从而释放出大量二氧化碳，另一方面造成国际玉米价格上涨，实际带来的社会总成本并不低。因此，迫于各界压力，美国环保局 2013 年年底发布计划要求降低炼油企业必须混入总燃料供应量中的可再生燃料总量，而该计划一旦落实，将又有可能面临乙醇企业对其的控诉③。

1997 年美国参议院通过的"伯德－海格尔法案（Byrd－Hagel Act）"规定：美国总统在两种情况下不得签署任何有关气候问题的国际条约：一是发展中国家不同时承担限制或

① Lawrence Hurley, Valerie Volcovici. "Obama Climate Agenda Faces Supreme Court Reckoning", *Reuters*, 2013－5－16, www. reuters. com.

② Lawrence Hurley, "U. S. Appeals Court Rejects States' Challenge over Climate Rules", *Reuters*, 2013－7－26, http：//www. reuters. com.

③ Matthew Philips, "Ethanol Support in Congress Under Threat, Corn Farmers Worry", *Business Week*, 2013－12－19.

减少温室气体排放的义务；二是签署该决议会严重危害美国经济发展。该法案的实施在很长时间使得美国政府在国际气候变化谈判中缺失了作为二氧化碳排放大国应该承担的责任和义务①。然而 2005 年美国参议院通过了一项新的决议，即"宾格曼－斯拜克特决议（The Bingaman Specter Resolution）"，有效地扭转了"伯德－海格尔法案"对应对气候变化行动所采取的消极态度②。尽管如此，由于温室气体减排牵扯的利益相关方众多，美国政府在国际气候变化谈判中的态度依然暧昧。

对于美国来说，并非不重视环境保护，只是其采取政策的强度必须与国内经济发展的目标相协调，而《京都议定书》对附件 B 国家强制要求的定期内定量减排温室气体的做法以及对美国减排量的要求不符合美国的国家利益。美国政府认为，这将给美国的经济造成惨重影响，并造成失业率激增。2002年、2003 年美国政府陆续推出"气候变化科学计划（CCSP）"和"气候变化科学计划战略蓝图（CCSPSP）"，2006 年，由美国提议，美国与澳大利亚、印度、日本、中国、韩国共同签署了另一个旨在通过研发和采用新技术的方法减排温室气体的国际协议——亚洲太平洋地区清洁发展与气候合作伙伴计划（Asia－Pacific Partnership on Clean Devel-

① 马建英：《奥巴马政府的气候政策分析》，《和平与发展》2009 年 4 月，第 45～50 页。

② 于宏源：《体制与能力：试析美国气候外交的二元影响因素》，《当代亚太》2012 年 4 月，第 113～129 页。

opment and Climate，简称 APCDC）。该协议被看作效力微弱，因为成员国无须做出任何减排承诺，也不具备时间限制，它没有法律约束，目的在于通过自愿行动，增进公共和私营部门之间的科研技术合作。奥巴马上任以来又陆续出台了一系列气候变化和清洁能源相关政策。但有一点值得注意：无论是小布什政府还是奥巴马政府，美国目前依然没有正式加入《京都议定书》，一切减排行为仍属于"自律"。美国所采取的措施虽然缺乏强制力，但并非无效，只是其将重点放在了依靠科技、投资和企业的自觉性上，并且更愿意发展长期的清洁能源计划，而非立即强制性地减少温室气体排放。这个策略符合美国短期和长期发展利益。

与美国相同，在签署了《京都议定书》后宣布不予批准的澳大利亚，也是能源大国，煤炭蕴藏量尤其丰富，位居世界前列，出口量位居世界第一。该国资源丰富、地域广袤，但对气候变化的敏感性也较高。澳大利亚总理更替后，2007 年该国又正式签署了《京都议定书》，并于 2012 年作为少有的几个发达国家之一做出了加入《京都议定书》第二减排期的承诺。

若把加拿大归于和美国、澳大利亚一类利益群体，可能会引起争议。如果时间处在 2011 年之前，的确是不合适。与美国、澳大利亚不同，加拿大原本是《京都议定书》的主要推动国，也是国际社会上普遍认可的"环保大国"，然而在 2011 年德班气候大会之后，加拿大宣布正式退出《京都议定书》，成为世界上第一个已经正式加入又中途退出的国家，甚至声称"《京都议定书》是达成全球性解决气候变化问题方案的障碍"①。三个国家虽然从对待《京都议定书》以及国际气候谈判的态度变化上有明显不同，但是深究其变化的原因，都有一个显著特点，即都与本国经济结构以及执政党利益相关。无论是美国、澳大利亚在气候政策上的积极转变还是加拿大的消极转变，都是在政府换届、执政党派更迭中产生的。例如，加拿大当初积极推动和参与《京都议定书》的是联邦自由党政府，而如今反对并退出《京都议定书》的，则是联邦自由党的政治死敌——联邦保守党政府。对当前的哈珀政府而言，否定《京都议定书》，就等于变相否定联邦自由党的基本政治主张，成为其达成政治目标的一种手段②。而自从新的党派上台后，加拿大国内经济结构也发生了显著调整，石油出口收益在经济中占极其关键的比重，而且其中相当部分为油砂矿——提炼成本高，开采过程对环境污染和破坏程度也相当严重——如果依然严格遵守《京都议定书》，那么加拿大石油生产将会受到严重影响，进而影响其经济发展；同时加拿大石油产业，尤其是油砂产业的最大开采地阿尔伯特省正是联邦保守党的大本营。

简言之，在全球气候变化的立场上，该利益群体可以说是在党派纷争中，将对待气候变化的态度当作一种政治资本，并在其中寻找着经济发展与环境保护间的平衡点，而同时不愿以

---

① 陶短房：《加拿大为什么要退出〈京都议定书〉》，经济观察网，2011 年 12 月 14 日。

② 陶短房：《加拿大为什么要退出〈京都议定书〉》，经济观察网，2011 年 12 月 14 日。

牺牲经济利益为代价来保护环境。

（五）以欧盟国家为主的发达国家利益群体

以欧盟①国家为主的大部分发达国家（指除美国、澳大利亚、加拿大以外几乎所有的发达国家）在研究和应对全球气候变化的问题上都非常积极，这首先与它们国内自然条件的脆弱性和受气候变化影响的敏感性有关。最典型的就是荷兰，该国国土面积中的一半海拔都低于 1 米，27% 的国土面积低于海平面，还有部分地区甚至是通过围海造地形成的。荷兰是世界上地势最低洼的国家，其首都阿姆斯特丹地势低于海平面 1 米 ~ 5 米②。如果海平面持续上升将直接威胁该国的存在。因此，这些国家出于自身的安危考虑成为极力推进缓解全球气候变化的国际合作的核心力量。

除了地理特征外，以欧盟国家为主的发达国家在气候变化问题上的态度也与它们的政治导向、科技水平、能源结构和经

---

① 此处所指欧盟主要是指 2004 年前的欧盟十五国：德国、法国、西班牙、葡萄牙、奥地利、荷兰、比利时、卢森堡、丹麦、意大利、瑞典、芬兰、爱尔兰、希腊、英国。这些国家均是发达国家。2004 年 5 月 1 日，又有十个国家加入了欧盟，2005 年 4 月 25 日，保加利亚和罗马尼亚又加入欧盟。其中大部分是发展中国家或转型国家，与原十五国在对待气候变化问题上的积极程度相比，因受其发展水平和社会形态等因素的限制还是有一定差距的。这些国家加入欧盟的先决条件之一就是同意并履行欧盟的能源政策，开发可再生能源，改变对石油依赖的能源结构。在后文讨论欧盟能源技术方面的诸多数据时，若数据来源在 2004 年后，主要是指欧盟二十七国。

② 荷兰相关数据搜集自 Wikipedia 维基百科。

济发展有密切联系。从它们的角度出发，研究和积极应对气候变化问题不仅符合它们短期的利益，更符合它们长期的利益。

以欧盟各国为例，它们的国土面积都相对较小，本土资源的蕴藏量相对较低，许多资源，尤其是战略资源都要依赖进口。据统计，欧盟能源 50% 以上来自欧盟以外的国家，如果不采取任何行动，到 2020 年欧盟进口能源将占总量的 70%，尤其是石油、天然气的对外依赖性更为严重①。而这种依赖性往往会引发石油供应危机，导致欧盟国家在政治和经济利益上受制于他国，造成国内恐慌。例如，最早的 1973 年中东地区阿以冲突爆发的战争冲击了包括欧洲在内的大部分石油进口国，造成了这些国家 1973 ~ 1980 年的能源危机和经济危机。2007 年 1 月，在没有任何警示的情况下，俄罗斯停止了向波兰、德国和斯洛伐克每年 1800 万桶石油的输送②。这类能源供应危机不仅来自于人为的因素，同时也来自能源运输或输送过程中不可抗的自然力所造成的安全隐患。因此，从遭受到巨大能源危机的 1973 年起，欧盟及其他发达国家就警觉起来，逐渐认识到了能源安全的重要性，并采取各种措施尽量减少对外能源的依赖性。其中，被普遍采用的方式就是通过国内政策鼓励科技创新，加大能源使用效率、加大清洁技术研发投入、大力发展可再生能源产业。因此，可再生能源和技术在这些国家中以最快的速度得到推广，

---

① 李虎军、傅剑锋：《2007，罕见暖冬》，《南方周末》2007 年 2 月 15 日。

② European Commission. Energy for the Future: Renewable Sources of Energy. White Paper for a Community Strategy and Action Plan, 1997. http://ec. europa. eu/energy/library/599fi_ en. pdf.

并在国际可再生能源和技术研究应用水平上逐渐占据领先地位。
欧盟指出，发展可再生能源，尤其是风能、水能、太阳能和生
物质能，是欧盟能源政策的中心目标。1997 年欧盟可再生能
源①消费量占其能源消费总量的 6%，超过了世界平均水平，并
通过制订详细的行动方案计划到 2010 年将此比重提高到 12%②，
之后的《可再生能源指令》又强制性地提出 2020 年的目标，即
"20 - 20 - 20" 行动：承诺到 2020 年将欧盟温室气体排放量在
1990 年基础上减少 20%；可再生能源在总能源消费中的比例提
高到 20%，其中生物质能燃料占总燃料消费比例不低于 10%；
将能源效率提高 20%③。2010 年，欧盟 27 国可再生能源占欧盟
能源消费总量的比重达到预期目标，已上升为 12.4%，与 2008
年、2009 年比重分别为 10.5%、11.7% 相比，目前依然在稳步
上升。为了进一步降低对国外能源的依赖性，欧盟各国在提高
能源使用效率方面也不断加大投入，例如 2006 年欧盟启动的旨
在提高能源使用效率的行动方案计划到 2020 年平均每年减少能
源消费的直接成本达 1000 亿欧元，而这一行动也能避免每年约
7.8 亿吨 CO_2 的排放④。可见，减缓气候变化与这些国家的政治

---

① 此处可再生能源主要包括风能、太阳能、水电能、潮汐能、地热能、生物
　　质能。

② European Commission. New EU Energy Plan - More Security, Less Pollution,
　　2007. 01. 10. http：//ec. europa. eu/news/energy/070110_ 1_ en. htm.

③ 陈敬全：《欧盟可再生能源政策研究》，《全球科技经济瞭望》2012 年 1 月
　　27 日，第 5 ~ 10 页。

④ European Commission. New EU Energy Plan - More Security, Less Pollution,
　　2007. 01. 10. http：//ec. europa. eu/news/energy/070110_ 1_ en. htm.

和经济利益具有重要的相关性。

目前，以欧盟为代表的发达国家在新能源、新技术研究和应用方面的大量投入为它们带来了正反两方面的经济效应。正面效应表现在为未来创造更大的经济效益带来了新的窗口。整个可再生能源行业已经成为欧盟经济生产中重要的单元，每年为它们创造可观的经济收入，例如仅德国每年可再生能源行业创收就达100亿欧元。如果将这些科技成果推广到全世界，那么可再生能源行业可以为他们创造更为可观的经济效益。相比那些经济上以传统石化燃料产业为主导的国家来说，缓解全球气候变化的过程不仅是出于环境保护的考虑，也是一个挖掘新能源行业巨大经济潜力的过程，也就是说，如果全球都参与到减缓全球气候变化中来，就可以扩大它们先进技术和产品出口份额，将对它们是环境与经济双受益的事情。所以说，从长期来看，缓解全球气候变化对注重在清洁能源和技术方面投入的欧盟各国来说意味着巨大的商机。然而，从短期来看，欧盟在这方面的投入给它们整体经济形势也带来了一定的负面效应。推进新能源、新技术的研发和使用必然要对国内工业产品制定严格的节能和排气量等相关指标，指标越高，就意味着相应产品的成本越高，在国际上的成本优势降低，会影响到他们的国际竞争力并改变国际竞争格局。欧盟目前在世界上占据了工业产品的巨大市场，要确保这一市场份额不会缩小，就需要其他国家的工业产品在节能、降低污染方面的标准提高。因此，在短期和长期的经济利益驱使下，以欧盟为主的发达国家成为推动全球气候变化的国际协议中的主要力量。

　　表 5 - 4 列出了欧盟及大部分发达国家在《京都议定书》中的表现。与其他的利益群体相比，该列表展示了欧盟及大部分发达国家在气候变化问题上态度的一致性和统一性，大部分国家都在协议上签字，并在 2003 年前分别批准、接受、核准或加入了该协议。然而作为《京都议定书》的重要内容之一的"技术开发与转让"议题却一直没有得到共识。协议规定发达国家缔约方应向发展中国家缔约方提供资金并转让有益于保护气候系统的先进技术，发展中国家正在进行大规模的基础设施建设，如果没有先进的技术保证，落后技术造成的温室气体高排放状况在几十年内将难以改变，而他们本身缺乏能力进行技术革新。然而自生效以来，各缔约方在该议题上一直难以达成共识，掌握先进技术的发达国家由于知识产权、经济利益等方面的考虑，缺乏政治意愿，不愿提供技术转让。这也表现出这些国家在这一问题认识上的统一，即向发展中国家无偿提供资金和技术转让是有损于国家利益的，即便其对于减缓全球气候变化来说意义重大。

表 5 - 4　以欧盟国家为主的发达国家参与《京都议定书》一览表

国家名称	签署 （Signature）	批准 （Ratification）， 接受 （Acceptance）， 加入 （Accession）， 核准 （Approval）	正式生效日 （Entry to force）
奥地利 *	1998/04/29	2002/05/31 （R）	2005/02/16
比利时 *	1998/04/29	2002/05/31 （R）	2005/02/16
加拿大 *	1998/04/29	2002/12/17 （R）	2005/02/16
塞浦路斯	—	1999/07/16 （Ac）	2005/02/16
捷克共和国 *	1998/11/23	2001/11/15 （Ap）	2005/02/16

续表

国家名称	签署 （Signature）	批准（Ratification）， 接受（Acceptance）， 加入（Accession）， 核准（Approval）	正式生效日 （Entry to force）
丹麦 *	1998/04/29	2002/05/31（R）	2005/02/16
爱沙尼亚 *	1998/12/03	2002/10/14（R）	2005/02/16
芬兰 *	1998/04/29	2002/05/31（R）	2005/02/16
法国 *	1998/04/29	2002/05/31（Ap）	2005/02/16
德国 *	1998/04/29	2002/05/31（R）	2005/02/16
希腊 *	1998/04/29	2002/05/31（R）	2005/02/16
冰岛 *	—	2002/05/23（Ac）	2005/02/16
爱尔兰 *	1998/04/29	2002/05/31（R）	2005/02/16
意大利 *	1998/04/29	2002/05/31（R）	2005/02/16
日本 *	1998/04/28	2002/06/04（At）	2005/02/16
拉脱维亚 *	1998/12/14	2002/07/05（R）	2005/02/16
立陶宛 *	1998/09/21	2003/01/03（R）	2005/02/16
卢森堡 *	1998/04/29	2002/05/31（R）	2005/02/16
马耳他	1998/04/17	2001/11/11（R）	2005/02/16
荷兰 *	1998/04/29	2002/05/31（At）	2005/02/16
新西兰 *	1998/05/22	2002/12/19（R）	2005/02/16
挪威 *	1998/04/29	2002/05/30（R）	2005/02/16
波兰 *	1998/07/15	2002/12/13（R）	2005/02/16
葡萄牙 *	1998/04/29	2002/05/31（Ap）	2005/02/16
韩国	1998/09/25	2002/11/08（R）	2005/02/16
新加坡	—	2006/04/12（Ac）	2006/07/11
斯洛伐克 *	1999/02/26	2002/05/31（R）	2005/02/16

续表

国家名称	签署 （Signature）	批准（Ratification）， 接受（Acceptance）， 加入（Accession）， 核准（Approval）	正式生效日 （Entry to force）
斯洛文尼亚*	1998/10/21	2002/08/02（R）	2005/02/16
西班牙*	1998/04/29	2002/05/31（R）	2005/02/16
瑞典*	1998/04/29	2002/05/31（R）	2005/02/16
英国*	1998/04/29	2002/05/31（R）	2005/02/16
罗马尼亚*	1999/01/05	2001/03/19（R）	2005/02/16
保加利亚*	1998/09/18	2001/08/15（R）	2005/02/16

注：R = 批准，At = 接受，Ap = 核准，Ac = 加入；* 号注释的国家属于附件 B 国家，承担相应的减排任务。

资料来源：基于 IPCC. Kyoto Protocol Status and Ratification. 2013. 10. 10 翻译整理。

因此，以欧盟国家为主的发达国家虽然看重气候变化问题，并在国际上表现出最为积极的治理态度，但实质上与美国等发达国家并无太多区别，即如果采取的利于减排的行为有损于其经济利益，即便是协议中承诺的，也可以拖延不实施。减缓全球气候变化是符合他们短期和长期利益的，但要为此付出多少则更多地取决于在推广可再生能源和技术中所获利益和承诺给发展中国家以资金和技术转让中的成本这两者的大小了。

（六）以中国、印度为首的大部分发展中国家利益群体

在对待气候变化的态度上，倘若从整个发展中国家群体来

看，其内部是存有争议的。例如，前面所提到的石油业主导的国家和小岛屿发展中国家之间就存在截然相反的态度。除去这两个利益群体外，其他大部分发展中国家以中国、印度为首形成本书所要探讨的第六个利益群体。该利益群体中的国家一方面比以石油业为主导的国家在产业结构中对石油业的依赖性小，另一方面比小岛屿发展中国家对气候变化的环境脆弱性低。而且它们同时具有以下几个方面的特点：

　　首先，它们对全球气候变化的认识主要依赖于发达国家在相同领域内的研究成果，而发达国家的研究成果占多数是建立在全球气候变化是"公地的悲剧"这一缺乏论证的认知之上的。由于贫困落后，这些国家难以在科研方面拥有稳定充分的资金投入，相比发达国家来说科研水平很低，这决定了它们对全球气候系统的认识多是从西方发达国家那里学习来的，即便是发展中国家中较为发达的中国和印度在科研方面也主要是采取引进再创新的方式，许多研究都是借用西方的理论和模型套用本国的数据而来，缺乏原始创新。而且由于长年的贫困以及过去在气候数据搜集上的缺失，发展中国家对于国内气候变化系统的认知程度极为有限，很多数据的搜集和分析还要依赖发达国家的学者来进行。自身科研水平的落后造成在认知领域上沿袭了发达国家的主流认知，即全球气候变化是"公地的悲剧"。

　　其次，这些国家是世界上贫困人口的主要聚集区，贫困使得它们对气候变化的适应性较差。实际上，各国对贫困人口的划分都有各自的标准，当今世界大致有三种不同类型的贫困标准①，反映出了国家间、区域间和民族间对贫困理解上的差异。一种是温饱型贫困，即已经解决了温饱问题，向小康生活平稳过渡的一种相对贫困，工业化国家的贫苦人口主要属于温饱型贫困；一种是半饥馑型贫困，即介于半饥馑和温饱之间的贫困，它会损害健康和缩短寿命，也会造成社会动荡，中国、印度等发展相对较好的发展中国家的部分贫困人口属于这一类型；还有一种是生存型贫困，是出于生存与半饥馑状态下的极度贫困，面临生存的威胁，会引发大批贫困人口的死亡和健康的严重恶化，如埃塞俄比亚、索马里等非洲国家近一半的人口属于这一类型。如果按照世界银行的划分，第三种贫困类型属于绝对贫困，是指人均日生活费低于国际贫困线（International Poverty Line），即 1 国际美元（按照国际惯例 1993 年价格国际美元计算）。如表 5-5 所示，2002 年世界上共有 10 亿人生活在贫困线下，占世界总人口的 19.4%，贫困人口分布的地域差异很大，主要集中在亚洲、非洲、拉丁美洲，其中又以南亚、撒哈拉以南非洲、南美加勒比海地区的贫困人口最集中、贫困程度最深。我国绝对贫困人口虽在过去的 20 多年里逐渐缩小，从 1981 年的 63.8% 下降到 2002 年的 14.0%，但由于人口基数大，也意味着有 1.8 亿极度贫困人口。贫困造成了发展中国家基础性建设薄弱，人民的生命安危缺乏有效保障，体现在气候变化问题上

---

① 陈光金：《反贫困：促进社会公平的一个视角——改革开放以来中国农村反贫困的理论、政策与实践回顾》，载景天魁、王颉主编《统筹城乡发展》，黑龙江人民出版社，2005。

则表现出面临气候变化的低适应性。因此，对于这些国家来说，如何摆脱贫困成为政府面临的首要问题。

表 5-5　世界绝对贫困人口分布情况（按 1993 年价格国际美元计算）

	区　域	1981 年	1984 年	1987 年	1990 年	1993 年	1996 年	1999 年	2002 年
绝对贫困人口数量（百万）	东亚和太平洋地区	796	562	426	472	415	287	282	214
	仅中国	634	425	308	375	334	212	223	180
	欧洲和中亚	3	2	2	2	17	20	30	10
	拉美和加勒比海	36	46	45	49	52	52	54	47
	中亚和北非	9	8	7	6	4	5	8	5
	南亚	475	460	473	462	476	461	429	437
	撒哈拉以南非洲	164	198	219	227	242	271	294	303
	总　计	1482	1277	1171	1218	1208	1097	1096	1015
	不包括中国	848	852	863	844	873	886	873	835
绝对贫困人口比例（%）	东亚和太平洋地区	57.7	38.9	28.0	29.6	24.9	16.6	15.7	11.6
	仅中国	63.8	41.0	28.5	33.0	28.4	17.4	17.8	14.0
	欧洲和中亚	0.7	0.5	0.4	0.5	3.7	4.3	6.3	2.1
	拉美和加勒比海	9.7	11.8	10.9	11.3	11.3	10.7	10.5	8.9
	中亚和北非	5.1	3.8	3.2	2.3	1.6	2.0	2.6	1.6
	南亚	51.5	46.8	45.0	41.3	40.1	36.6	32.2	31.2
	撒哈拉以南非洲	41.6	46.3	46.8	44.6	44.0	45.6	45.7	44.0
	总　计	40.4	32.8	28.4	27.9	26.3	22.8	21.8	19.4
	不包括中国	31.7	29.8	28.4	26.1	25.6	24.6	23.1	21.1

资料来源：基于 World Bank. World Development Indicators 2006, p.73，翻译整理。

除了气候变化的适应性较低外，这些国家经济发展的环境脆弱性也较高。由于工业发展较晚、发展水平落后，甚至有些国家的工业活动几近于零，以自然经济为主要的经济形态、以农业为主要的经济支柱，因此大部分发展中国家对稳定的气候环境有较高的依赖性。例如，撒哈拉以南国家超过70%的人口的生计依赖农业，而且由于贫穷，许多农民没有能力购买太多的种子和肥料，农业的发展程度很落后，产量也较低，许多只能满足自身生存的需要。而全球气候变化影响下非洲地区的日益干旱严重影响原本产量较低的农业发展。2005年非洲出现了大范围的粮食短缺，有28个国家处于粮食短缺的紧急状态，非洲南部有1000万人缺乏粮食，中部有2200万人缺乏粮食，仅埃塞俄比亚就有1000万人缺乏粮食，而在尼日尔，360万人遭受了饥荒[①]。由于没有足够的能力解决气候变化带来的海平面上升、疾病传播及农作物减产等问题，所以这些国家因气候变化受灾的程度远远比发达国家严重。为了改变贫困和对环境依赖性的产业结构，发展中国家也在不断调整和完善产业结构，鼓励工业发展，并在近几十年努力向工业经济转型的过程中取得了一定的成果。

这些特征决定了发展中国家在对待全球气候变化上的态度。一方面，他们虽然承受最多的危害，但对全球气候变化应负的责任最少，是气候变化的主要牺牲者，而发达国家百年的工业化发展是造成当前全球气候变化的主要人为原因，因此它们强烈要求发达国家承担减缓全球气候变化的历史责任。另一方面，它们对自身经济发展和环境保护间的关系表现出以前者为重，兼顾环境的态度。它们认识到国家在进行经济转型力求摆脱贫困、提高人民生活质量的过程中，由于科技落后、发展较为粗

---

① UNEP：《全球环境展望年鉴2006》，中国环境科学出版社，2006，第51~52页。

放，在快速城市化和工业化以及随之而来的化石燃料使用急剧增加的过程中污染物排放量也不断增加。中国在改革开放三十年时间里，二氧化碳排放量已经超过美国，成为世界第一大二氧化碳排放国，印度的二氧化碳排放量赶超日本位居世界第四①。但它们同时也认识到由于社会经济普遍落后，人均能源消费水平极低，贫困的农业人口占总人口的比重过高，刚刚踏上城市化和工业化道路，经济发展水平仍很落后，即便进行减排控制，也必须与社会发展水平相适应。如图5-6所示，从人均二氧化碳排放量来看，发展中国家还远远落后于发达国家，而且它们的排放是为了解决生存与发展的基本需要。正如邹骥所言：我们要改善人民的生活，"当然意味着排放。我们这是必要

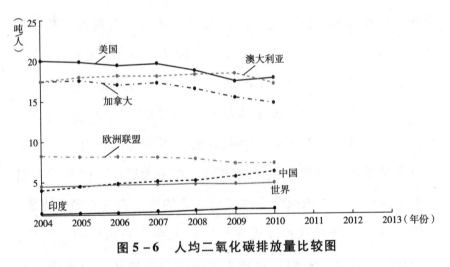

图5-6　人均二氧化碳排放量比较图

资料来源：世界银行数据库 http：//data. worldbank. org. cn/indicator/EN. ATM. CO2E. PC/countries/1W－US－AU－CA－CN－EU－IN？ display＝graph。

---

①　该排名从英国丁泽尔研究中心、皮尤研究中心、世界银行等多家机构中得以确认。

的排放,不是奢侈的排放"①。对于发展中国家来说,谋求经济发展是解决贫困问题的首要任务,为此所造成的温室气体排放是难以避免的,而且与发达国家相比,为此所要承担的责任要小很多,因此它们愿意在气候变化问题上,与发达国家应承担"共同但有区别的责任",而且这个区别要足够大,以体现发达国家造成当前全球气候变化的主要历史责任。

该利益群体对待气候变化的态度与立场体现在气候问题的国际谈判中,产生了与其他利益群体间的激烈博弈。1997 年京都举行的第三次缔约方大会期间,发达国家给发展中国家施压,希望以中国、印度等排放量较大的国家为首的发展中国家也承担减排义务,新西兰代表团还提出了建议讨论发展中国家减排问题的临时提案,而中国、印度在内的 40 多个发展中国家一致表示反对。小岛屿发展中国家由于面临的环境脆弱性最高,它们希望包括发展中国家在内的各国尽一切减少温室气体排放的努力。在不同利益群体间相互争论博弈后形成的《京都议定书》最终没有将发展中国家列入第一承诺期减排任务中来。所以大部分发展中国家以非附件 B 国家的身份纷纷加入协议,成为推动协议生效的重要力量之一。而美国、澳大利亚先后却将中国、印度等发展中国家不承担减排义务作为一条重要理由拒绝批准该协议,使得国际谈判一度陷入僵局。之后,欧盟以更多的利益交换为条件劝服了俄罗斯的批准才使得协议在 2005 年正式生

---

① 李虎军:《继 WTO 之后最重要的一场国际谈判》,《南方周末》2007 年 2 月 15 日 A2 版。

效。2006 年 11 月，《联合国气候变化框架公约》第 12 次缔约方大会暨《京都议定书》第二次缔约方会议（COP 12 and COP/MOP 2）部长级会议在肯尼亚首都内罗毕召开。会议的核心问题是发达国家和发展中国家在 2008 年以后应该各承担什么样的减排义务。会议各方分歧严重，其中发展中国家由于技术和资金的极度缺乏希望尽快建立有效的资金和技术转让机制，在发达国家的帮助下减少温室气体排放，而且在考虑减排成本时，发展中国家考虑到会影响宏观经济发展空间而不愿承担第二承诺期的减排义务。但发达国家在对发展中国家日益增加的温室气体排放表示不满并不断施加压力要求其减排的同时却在资金和技术转让方面考虑到自身的经济利益等因素缺乏意愿，难以与发展中国家达成一致。2011 年加拿大作为第一个正式加入却又宣布退出《京都议定书》附件 B 的国家，其公开的理由之一就是没有给发展中国家设定减排目标。

目前，国际上要求发展中国家承担减排义务的压力越来越大。面对来自以发达国家为主的压力，该利益群体从未否认气候变化的威胁，但如果由它们承担减排成本来减缓全球气候变化则不符合它们短期发展利益。时任印度环境部长的 Andimuthu Raja 就对英国广播公司（BBC）说，经济增长和消除贫困必须优于减缓气候变暖的问题[①]。因此，对大部分发展中国家来说，如何在气候变化的国际谈判中为本国争取更广阔的发展空间和

---

① Kasper, Wolfgang：《解决全球气候变暖可以很人性化》，《华尔街日报（中文版）》2006 年 1 月 11 日。

更长的没有减排义务的发展时间变得越来越重要。

不过，减排的压力不仅仅来自以发达国家乃至小岛屿发展中国家为主的外在环境，也来自发展中国家内在的发展需要。虽然在国际社会上，发展中国家依然为自己的发展争取最大空间，但在本国，因为原本经济发展模式的不可持续性，以及因此已经造成的日益显著的环境污染及危害，这些国家也在寻求着新的发展途径。例如，中国已经将生态文明建设纳入中国特色社会主义事业"五位一体"总体布局中，并于2009年提出了2020年比2005年GDP的二氧化碳排放强度下降40%~45%的目标，显然不仅仅是为了应对国际社会压力，更多的是寻求本国发展的可持续性。

三　小结

本章对全球气候变化与"公地的悲剧"在各自的预期影响上认识的差别从两方面进行了论述。首先由于在理论研究上人们对气候变化的影响仍存在很大争议，主要可以分为气候变化有害论、有益论、不定论。这三种观点共存，且争论激烈，这就给气候变化是否注定是悲剧带来了不确定。更何况人们在探讨气候变化时，不应将其割裂为一个独立的问题来思考，其影响到底是好是坏还与科学技术的发展、人类文明的进步、社会制度的完善等各方面都有着一定的联系，全球气候变化最终是否是悲剧取决于各种因素共同作用的结果。至少从全球整体来说，气候变化不一定是悲剧。

　　另外，若按照"公地的悲剧"逻辑来看，气候变化在短期内可以使个体受益，但最终会在同一时期给所有个体带来同样的危害，具有个体无差别受损的特征。然而，通过本章的分析不难发现，全球气候变化远比此复杂，许多现象难以用"公地的悲剧"来解释。因为，面对全球气候变化，个体并非无差别受损。处在不同利益群体中的国家受到气候变化的影响无论在程度上还是在范围上都各不相同，即便在同一利益群体中的国家所遭受的影响也不尽相同。本章将世界划分为六大利益群体，并着重分析了它们受气候变化的影响情况和各自的减排立场，论证了它们所受影响的差别。这种有差别受损在造成影响和受到影响的关系上表现出：排污量大的个体不一定受害，排污量小的个体不一定受益；某些个体受到影响和危害的同时，另外一些个体可能正从中受益。

　　上述的分析可以归纳出六大利益群体的比较框架，如表5－6所示。这六大利益群体的形成和在气候变化问题上表现出的立场差异都是由它们在地理、经济、政治等各方面的综合特征决定的。该框架从国家拥有的能源资源情况、富裕程度、经济发展的支柱产业、清洁能源及科技发展水平四大方面比较了六大利益群体的差别，所用的评价标准主要有高、低和一般三档。因为利益群体中各国的情况又各有差别，在评价时根据整体情况也常出现组合档，例如，前苏联加盟共和国的能源对外依存度为"低～一般"，这主要是因为俄罗斯、白俄罗斯等国的能源自给情况最好，与另外一些国家的情况有一定差别，难以用一种标准完全概括。

　　虽然气候变化对各利益群体的影响情况是综合特征的表现，

但都至少有一个特征是造成它们面对气候变化时的利益差别的决定性因素。其中，气候变化对石油业主导的国家来说，短期影响并不大，长期来看受影响的程度也相对较小的主要原因就

表 5-6　六大群体利益比较框架

		六大利益群体					
		石油业主导国	小岛屿发展中国家	前苏联加盟共和国	美国、澳大利亚、加拿大	欧盟为主发达国家	大部分发展中国家
能源资源情况	传统能源蕴藏量	高	低	高	一般~高	一般	低~一般
	能源对外依赖性	低	高	低~一般	一般	一般~高	一般
	资源总量	一般	低	高	高	高	低~一般
	人均资源拥有量	一般	低	高	高	高	低
富裕程度		一般~高	低	一般	高	高	低
支柱产业		油气产业	旅游/农业	多样化	多样化	多样化	农业
清洁能源及科技水平		一般	低	一般	一般~高	高	低
决定性特征		石油业主导	面积小、地势低	寒冷、资源丰富	经济利益	对外能源高依赖	贫困

⇩

气候变化对各利益群体的影响

短期利益	影响不大	影响大	可能受益	影响不大	影响不大	有影响
长期利益	不确定	影响大	不确定	不确定	不确定	不确定

⇩

各利益群体对待减缓气候变化的态度

	消极	积极	无所谓	适中	积极	适中*

注：＊号所示大部分发展中国家的态度为适中，与美、澳不同，是因为如果不由它们来承担减排义务，它们就愿意积极支持减缓气候变化的行为，如果由它们来承担减排义务，态度则是消极的。

资料来源：根据相关资料整理。

是这些国家是以石油业为经济的支柱产业，而该产业的环境敏感性较低。至于未来能源储量耗尽时这些国家将是何种情景，则不单单是气候问题所要解决的，存在更大的不确定性。虽然气候变化对这些国家利益影响具有很大的不确定性，但反过来，如果要缓解气候变化必然会影响它们的利益，因为减少温室气体排放、发展清洁能源势必会降低全球石油的需求量，使它们的经济利益受损。因此，石油业为主导决定了这些国家在气候变化国际合作中的消极态度。

对于小岛屿发展中国家来说，全球气候变化不仅使它们短期受害，长期更将给其国民的生存造成威胁，而对此起决定性作用的就是这些国家面积小、地势低的特征。学者普遍认为，近几十年来频率越来越高的极端气候现象与全球气候变化有直接关系。而面对这些极端气候现象和海平面的日益升高，地势低的国家必然是脆弱性最高、受危害最大的。由于关乎生存问题，小岛屿发展中国家对待减缓气候变化的态度是最积极的，它们也是推动缓解气候变化国际合作的主要力量之一。

对于前苏联加盟共和国来说，气候变化短期可能受益，长期也不一定受害的决定性因素有二。一是这些国家原本气候寒冷，许多地区因气候恶劣而无人居住，人口分布极不均衡，温度上升可有利于恶劣气候变得更加适宜，增加许多荒地的开垦潜力，从这一点来看短期是受益的。二是这些国家资源丰富、地质多样，环境脆弱性较小，面对气候变化的适应力大。因此，气候变化对它们来说并非一件十分值得关注的问题，在是否要减缓气候变化的问题上表现出无所谓的态度，如果参与国际合作能够为它们带来更多的利益它们就参与，反之它们就不参与。也就是说它们在气候变化国际谈判中并非从环境角度考虑，而是以参与合作为筹码来换取更多经济利益。

对于美国为首的少部分发达国家来说，国内经济稳定是它们关心的主要问题。作为世界上较大的经济体，它们经济发达，政府强调科技创新对自然的改造能力，从而对环境的适应力较高，因此气候变化在短期对它们的影响相对较小，而长期影响也存在较大的不确定性。对气候变化问题，它们主要通过经济分析的方法得出治理和不治理所带来的综合成本哪一个更高，然后来确定行为方向。一旦治理成本过高，影响到经济稳定，这些国家就会采用更为缓和的治理方式。这也就是为何它们对待减缓气候变化的态度相对适中，也是它们不愿承担《京都议定书》中定期定量的减排义务的主要原因。

对于欧盟国家为主的大部分发达国家来说，能源的对外依赖性过高使得它们在 20 世纪 70 年代就加大了清洁能源和技术的研发，并开拓了清洁能源产业，成为当今掌握最先进的清洁能源与技术的国家。这一特点不仅在减少温室气体排放上帮助它们取得了卓越的成效，也为它们创造了不少经济效益。由于领土面积普遍较小、许多国家的地势较低、沿海地区人口密集，使得它们受气候变化影响的程度较美国大一些，但也具有一定的适应性。而它们在气候变化的国际谈判中扮演着领导角色和主要推动力量的很大原因在于全球范围内减少温室气体排放有利于使它们已有的先进的科技成果在世界范围内普及应用，从而能为它们创造更多的经济效益。

　　对于大部分发展中国家来说，如何摆脱贫困是它们最关心的问题。由于贫困，在短期内任何气候变化引起的极端气候现象都会对它们造成相对大的影响，但随着其经济的发展并逐渐摆脱贫困，未来它们对于气候变化的适应性可能会有所提高。贫困和摆脱贫困使这些国家在经济发展道路上造成的排污量日益增加，这些国家一方面愿意并希望国际上能够给予资金和技术的援助来促进它们在环境友好的经济领域内加速发展，另一方面坚持以发展为重，在短期内不愿承担减排义务，而强调发达国家才是造成全球气候变化的主要责任者。

　　在分析中值得注意的是，这六大利益群体并非完全独立，不少国家同时处于两种利益群体中，而最终决定它们立场的仍然是国家利益的最大化。例如，前苏联加盟共和国中的许多国家在退出同盟后于2004年加入了欧盟，而欧盟对它们的加入在气候变化问题上都设置了较严格的标准。由于其自身的自然条件以及政治立场的改变使得这些国家的立场逐渐偏向于欧盟集团。除此之外，还有一些国家会出现跨利益群体的再联盟，以巴西、俄罗斯、印度、中国为主的"金砖四国"就是典型的例子。

　　综上，气候变化在预期影响上表现出更为复杂的特征，是难以用"公地的悲剧"解释的。面对气候变化，各国所受影响各不相同，因此全球气候变化不再是单纯的科学问题，而是一个国际公平问题，牵扯到如何将有限的环境容量资源合理公平地分配，如何使环境和发展协调统一。预期影响的复杂性也进一步决定了气候变化解决方案的复杂性和与"公地的悲剧"的差异性。这即是下一章探讨的核心内容。

第 六 章

全球气候变化与"公地的悲剧"
解决方案

在问题的基本假定和预期影响上的显著差异，决定了全球气候变化与"公地的悲剧"在寻求解决方案上的差异。如第三章所述，这两者在解决方案上的差异主要表现为三个方面：是否由超越国家的权力机构来主导解决，是否能够明晰产权，以及是否能够发挥道德的作用。由于全球气候变化表现出来的复杂性和不确定性，目前国际上仍没有研究出一个有效的解决方案，气候变化仍然在不同的地区产生着不同的影响。本章不仅要对全球气候变化和"公地的悲剧"在解决方案上表现出来的差异进行深入探讨，还要根据全球气候变化的特征提出有关治理的政策建议。

一 国家或地方政府主导与国际社会主导

哈丁认为，对于"公地的悲剧"问题最有效的解决方案应该是强制性的方案，而这就需要以国家和地方为核心的权力机构通过立法来实施。例如，一片开放的国家森林的保护可以通过国家立法、相关部门颁布的政策法规等途径收取进入者一定的费用，或将它当作私人财产出售，或采用发行彩票的办法，或可以排长队，根据先来后到的原则进行管理来实现；为避免公共环境成为藏污纳垢之所，应通过强制性的法律或税收，使排污者治理污染的费用低于不处理直接排放的成本。哈丁指出，若"公地"的产权不加以私有化或者"公地"的管理强制力不够，那么给当地或所在国家造成悲剧的可能性是绝对的，即悲剧注定。因此，在提供解决方案上，这些具有强制力的国家和地方机构有意愿和动力选择有效的措施来加强对公地自由使用的控制。换句话说，国家和地方政府是提供解决方案的主体。当然，这也受限于哈丁所处的历史时代，在 20 世纪 60 年代，全球化问题并未凸显，研究的问题多以国家为界便可获得相应的解决。

然而，与"公地的悲剧"相比，全球气候变化则显得复杂得多，要想使该问题得以解决，仅靠国家或地方的权力机构是行不通的，全球气候变化已经跨越了国家和地方的权力范围，单个国家和地方缺乏采取行动的动力，而且所造成的影响也不均匀地分布在不同的国家和地区。甚至如美国、加拿大、澳大利亚等国所表现出来的因国家政治体制的原因，在政府换届过程中产生对该问题态度的不稳定性。目前，发达国家 200 多年的大规模工业发展所排放的温室气体使得贫困落后的发展中国家遭受更严重的环境危害，相同的排放量给地势低洼的沿海国家造成的环境危害比地势较高的内陆国家要高。而为了减缓气候变化，许多国家投入了大量的资金，却使得另外一些少投入甚至不投入的国家得了"免费搭车"的便宜，在 2008 年次贷危机之后，全球经济低迷进一步打击了原有在减排问题上表现积极、投入较大的国家，从而在全球范围内大大削弱了减缓气候变化的效果。

这些矛盾的存在证明了全球气候变化是一个典型的国际环境问题，并非是单靠一国或个别国家的努力能够得以解决的问题。这与以往的"公地的悲剧"问题有显著差别。而这种差别不仅表现在提供解决方案的主体变大了，更表现在这个变大的主体并不是客观存在的，在当今以国家主权的完整性和不可侵犯性为根本原则的国际政治舞台上根本没有高于国家的权力机构，也就是说国家之外尚不存在世界级政府。

尽管如此，面对全球气候变化，必须依靠超越单个国家的力量，这个力量必须具有强化世界各国的交流与合作、协调各国间的矛盾和冲突以求达成共识的能力，而联合国就扮演了其中一个相当重要的角色。除此之外，还包括诸多全球性的非政府组织（Non - governmental Organization），例如绿色和平组织（Green Peace），以及其他许多政府间合作组织和集团。这三股力量相互作用、互为补充，共同影响着单个国家的政府决策。下文将分别对这些国际力量的现状和存在的问题进行探讨，并提出相应的改进方向。

（一）联合国的作用

1945 年 10 月 24 日由 51 个国家承诺通过国际合作和集体安全以维护世界和平为目标而成立起来的联合国（United Nations, UN）是目前影响力最大的国际机构。联合国发展至今其成员基本包括世界所有国家，共有 193 个会员国，发展的主题也更加多样化。根据《联合国宪章》规定，联合国不仅以维持国际和平与安全、发展国家间友好关系为宗旨，还以合作解决各种国际性问题和增进对人权的尊重，成为协调各国行动的中心为宗旨。从附件 1 所示的联合国系统结构图中就可看出，联合国机构、附属机构以及同联合国建立关系的政府机构涉及从贸易、粮食安全、环境、气象到妇女地位、人权、医疗、毒品等相当广泛的世界性问题。联合国是会员国最多、涉及国际问题最多的国际组织。虽然它不是世界级政府，没有制定法律的权力，但是它的存在为制定协助解决国际冲突的办法，并就影响全球所有人的事项拟定政策提供了途径，它的存在也就使得协调各国利益以缓解全球气候变化成为可能。正如联合国秘书长潘基文所说："全球环境的保护工作基本上超出了单个国家的能力所及，只有共同和协调的国际行动才足以应对。而采取这种行动的场所自然而然是联合国。[①]"

从起初支持对全球气候变化的研究并成为国际气候研究的

---

① 引自秘书长给"地球公民：全球生态治理问题巴黎会议"的录像致辞，UN 网站资料：http://www.un.org/chinese/sg/2007/parisconference.shtml. 2007.02.02。

权威机构，到 1988 年成立气候变化专门委员会（IPCC）负责对全球气候变化进行专门的系统的科学评估，到 1992 年通过了 IPCC 的研究报告并制定了《联合国气候变化框架公约》，到 1997 年《京都议定书》的签订，到 2005 年《京都议定书》最终生效，再到目前对气候变化国际合作的推动，联合国一直以来都是推动全球对全球气候变化的认识和促进温室气体减排的核心力量，并且取得了一定的成效。联合国还希望通过加深内部改革，加强职能，进一步推动全球范围的温室气体减排。"……现在必须利用科学进步和技术创新研制减小气候变化的工具，并拟订更具包容性的国际框架机制，以便在 2012 年以后稳定温室气体排放量，同时扩大参加范围，让所有主要排放国及发达国家和发展中国家都加入。"这是联合国前任秘书长安南 2005 年 3 月 21 日向第 59 届联大提交的题为《大自由：实现人人共享的发展、安全与人权》的改革报告中提出的。从中可以看出联合国在未来推进全球温室气体减排的目标与方向，同时也能看出目前联合国所起到的推动作用仍然是较微弱的，并没有达到预期的效果。而究其本质原因，正是联合国不具备强制各国执行国际协议的权力。由于缺乏这样的权力，在联合国推动下形成的国际协议也必然具有软弱性和履行的困难性。如《京都议定书》中所述，"自本议定书对一缔约方生效之日起三年后，该缔约方可随时向保存人发出书面通知退出本议定书[1]"，

---

[1]　引自联合国《联合国气候变化框架公约》京都议定书，第二十七条，1998，第 20 页。

这一条意味着任何缔约方国家都可以根据本国的利益所需而选择履行或退出国际协议的义务。这种缺乏约束力的条款的存在正是诸多学者质疑该国际协议无法起到预期效果的主要原因，而加之该协议在具体内容上也作了很大的让步和妥协，减排强度降低了很多，使得许多强烈支持温室气体减排的学者质疑联合国的权威性和有效性。

从联合国外部环境来看，近年来的国际形势的变化和全球化的发展日益迅速，联合国不仅在气候问题上，还在其他许多问题上都面临着巨大的挑战，而这些挑战也就意味着联合国要担负起更大的责任。从联合国内部来看，还存在许多疏漏，例如，现有的框架和机制在巨大的威胁和挑战面前经常难以做出及时的反应，联合国办事机构效率低下，甚至腐败盛行，美国等大国的单边主义政策倾向越来越严重（在气候变化的国际合作上就明显表现为单边拒绝加入《京都议定书》），联合国的代表性和合理性常会遭到质疑。国际形势的日趋复杂以及联合国内部机制的相对落后要求联合国必须进行改革，重新树立联合国的权威，成为高效率、有代表性的国际组织，以便在国际事务中产生更有力的影响。而联合国也在内部改革方面一直努力着：1993 年第 48 届联大决定成立安理会改革专门工作组，1997年安南秘书长着手对联合国进行改革，2005 年安南提出了联合国改革报告。在改革报告中关于全球气候变化方面，如上所述，联合国一方面加强对该领域的投入以研制更有效的工具，并对原有的国际框架进行修订，使之更适应发展趋势，具有更大的包容性；另一方面致力于将所有主要温室气体排放国，包括发达国家和发展中国家都纳入按期按量的减排中去，以求得全球温室气体排放总量的稳定。另外，从国际环境管理的全局出发，安南的改革建议有三：首先，要精简和加强包括全球气候变化在内的国际环境条约的执行工作，解决以往各协约文书执行监测机制零散，不能及时做出有效反应的问题；其次，要建立协调性更强的国际环境管理机构框架，同时加强协调和监测工作，为制订环境标准、进行科学讨论并监测条约遵守情况建立一个协调性更强的机构；再次，要充分利用比较优势，改善规范和业务方面的协同作用，使各国的环境保护活动能从中受益[①]。由此可见联合国对全球气候变化等国际环境问题的重视。

如果改革顺利进行，那么在全球气候变化问题上联合国的作用将会得到加强，这样更有益于促进气候变化的国际合作。2005 年 9 月 16 日，联合国历史上规模最大的首脑会议在通过了有关联合国改革的《成果文件》后落下了帷幕，标志着经过十年的努力联合国改革进程正式启动了。然而由于改革报告中关于安理会改革的内容引发了激烈的争论，各国对联合国改革的关注完全集中到这一议题上去了，从而阻碍了整体改革的进程。有学者认为，《成果文件》只是各国在原则上相互妥协的成果，实质性的改革措施却很少[②]。而改革中的问题除了安理会扩大上的争端外，也体现了联合国仍遗留的几个重要问题。

[①]　科菲·安南：《大自由：实现人人共享的发展、安全与人权》，第 212 条，联合国，2005。http：//www. un. org/ chinese/largerfreedom/part5. htm.

[②]　邵峰：《联合国改革：任重而道远》，中国社会科学院世界经济与政治研究所，2005。http：//www. iwep. org. cn/pdf/2006/lhggg_ shaofeng. pdf.

首先，美国在联合国的主导权问题。美国作为联合国的创建国和东道国，在联合国的成立和发展中扮演着极为重要的角色。它超强的实力和对国际秩序的现实影响使得联合国离开它就难以正常运转，因此美国总想成为主导联合国运作和方向的国家，而且当本国利益与联合国提出的议案不相同时，时常会与联合国唱反调，甚至抛开联合国单独行动，这严重损害了联合国的权威性和代表性。在这次改革中，美国更是试图涂抹上更多美国的色彩。正如华盛顿外交委员会负责美国与联合国关系的专家李·费因斯坦所说："……我们现在重新认识到，联合国对我们是一个必要的论坛，如果我们对它进行某些改变，它将会运行得更加顺畅，而前提是为我所用[1]。"华盛顿政策专家约瑟华·穆拉维奇甚至还声称，"美国需要的并不是联合国在短期内达成多少共识或者成果，而是有多少成果归于美国或者他的盟友掌握"。而美国在联合国中的主导地位也恰恰制约了联合国在温室气体减排方面的目标之实现。美国单方面拒绝签署《京都议定书》正体现了美国对待联合国的态度。对于联合国来说，如何弱化美国的主导性，使国际社会达成共识的标准替代美国标准将是一个巨大的挑战。

其次，联合国当前的制度造成了各会员国的地位与缴纳会费间存在微妙关系。作为非营利性的国际组织，联合国的财政收入主要靠各会员国所缴纳的会费来维持，而时常出现的财政

---

① 范辉：《联合国改革陷入四大困境：经济问题影响其决议》，《新京报》
2005 年 9 月 18 日。

紧张问题会使联合国在行动时受到一些国家利用经费问题的要挟，尤其是发达国家。因为联合国的会费制度是按照支付能力原则（根据每个国家的国民生产总值、人口以及支付能力等因素确定的）来计算各国分摊比例的，那么相对而言越发达的国家所缴会费就越多，其中美国和日本是联合国最大的会费缴纳国，2004～2006 年其会费分摊比例分别为 22% 和 19.46%[①]，这些资金对于联合国的正常运行来说非常重要。因此，这些国家常利用会费问题来提高自己在联合国的影响力。2005 年美国国会通过议案，指出 2006 年美国向联合国支付的会费应减少 2200 万美元，并且声称如果联合国不按照美国的想法和要求进行改革，美国则要将其应缴的联合国会费减半。又如日本，在申请加入安理会常任理事国无望后，也纠缠会费问题不放，认为自己出钱多，却地位低，要求降低会费分摊比例。除了会费以外，有些国家还利用提供经济援助的手段拉拢其他会员国，以换取其自身的利益。这类经济问题也成了影响联合国改革效果的重要问题。

再次，在一系列改革的内容上，发达国家和发展中国家所处立场差异甚远，所带来的难以调和的矛盾必然制约改革前进的步伐。而两方最大的差异就在于对待发展问题的态度。在发展中国家来看，联合国一直以来都有"重安全、轻发展"的趋向，对于解决贫困问题的努力仍不够充分，这一点显著地体现

---

① 新华网：《联合国的会费如何交》，2003 年 9 月 25 日。http：//news. xin-huanet. com/ziliao/2003 – 09/25/content_ 109 9161. htm.

——气候变化问题的认知比较研究

在联合国制定的官方发展援助水平上——从 1970 年后的 30 年内持续下降,而对于发展中国家,尤其是对 49 个最不发达国家来说(这些国家的人均国民生产总值不到 900 美元),官方发展援助依然极其重要。在 2000 年 9 月召开的千年首脑会议上,会员国通过了到 2015 年将发展中国家收入贫穷人口减少一半的目标,如果联合国"要严肃对待千年发展目标的承诺,就不能听任官方发展援助继续下降①"。因此近年来联合国提出要扭转官方发展援助水平的下降趋势,会员国在 2002 年蒙特雷会议上达成了共识,要求发达国家采取切实措施,达到官方开发援助占国民生产总值(GNP)0.7% 的目标。然而,西方国家并没有在实际行动中承担起相应的责任,美国甚至在此次改革中拒绝了把对发展中国家的援助提升到 0.7% 的要求,并撇开发展问题,一味强调反对国际恐怖主义和保护人权的重要性。

由此可见,面对复杂的多边环境,如何加强职能,提高效率,协调各会员国的利益关系,真正代表所有会员国共同的而非个别国家的意愿,使大家在国际问题上达成共识的同时还能切实加以执行,对于联合国来说是一个巨大的挑战。其中,在全球气候变化上目前所取得的成效还较微弱,联合国也日渐加强了对此问题的重视。现任秘书长潘基文曾在不同的场合表示要进一步推动联合国改革,并将减缓全球气候变化作为他的首要任务之一,因为全球气候变化所带来的威胁与战争一样严重。

---

① 引自《安南在蒙特雷发展筹资筹备委员会会议上的发言》,转引自《联合国:解决发展援助的数量和质量问题》,相关链接:http://www.un.org/chinese/events/ffd/mediakit4.htm。

那么在未来的改革中建立怎样的一个框架机制才能使联合国在气候变化问题上更具权威性和代表性，使协议不仅停留在原则上，而能发挥实际的效用呢？这需要联合国至少在以下几个方面进一步做出努力。

首先，加强对自我激励机制的研究。从上一章的分析中可见，六大利益群体在气候变化问题上所坚持的立场都直接与他们的利益相关联，很少有国家在不考虑本国利益的前提下完全出于大公无私的考虑来行事，那么要想让各大温室气体减排国积极参与到国际合作中去，作为并非世界政府的联合国，就必须构建具备吸引各国产生自我激励的机制，以激励取代强制。如减免完成规定减排额的国家的会费，给予各种经济优惠政策等。国际上一般称具有自我激励机制的协议为自我加强型协议（Self‑Enforcing Agreement）。这种协议必须具备区别于一般协议的特质，即当某国希望其他缔约国能够遵守协议的同时，出于利己（Self‑Interest）的考虑也能够自觉自愿地积极参与到协议中来，而没有任何单方面中止履行协议的动机。只有这样的机制才能在这个国家主权为至高不可侵犯的国际政治格局中取得真正有效的作用。显然，目前这方面的研究仍然处于初级阶段，现有的国际协议由于自身的强制性条款和松散的惩罚措施势必难以有效激发各缔约方减排的动力。而联合国作为最权威的国际组织有责任推动在自我激励机制方面的研究，尤其是在《京都议定书》第二阶段减排期已过一年还未协商出各国减排目标的当下，一种有效的机制显得更为重要。

其次，加强发展中国家在联合国的地位，充分体现联合国的广泛代表性。按照联合国的规章，所有会员国不论大小和贫富，不论其政治观点和社会制度如何，都享有发言权和投票权。然而一直以来各会员国享有的权利极不均衡，其广泛代表性经常受到质疑，尤其是发达国家和发展中国家在联合国中的地位差别很大。例如，从国家比例上来看，发展中国家虽然占联合国会员国总数的 2/3 以上，却在安理会只占一半左右的席位，这直接影响到发展中国家的利益是否能够得到充分实现。因此在未来的改革中，联合国应在吸收发达国家的合理主张的同时，进一步提高发展中国家的发言权，尤其是要协调发展中国家在发展与环境保护之间的矛盾，在不阻碍发展的前提下辅助发展中国家做好提高效率、发展清洁能源、稳定温室气体减排量的工作。

　　再次，从外部环境来看，联合国应进一步加强与其他国际机构的合作，充分互补。内部改革固然重要，但由于会员国多、内部结构复杂、利益纷争不断，人们很难期待在短期内能够形成令各会员国都满意的改革成果，因此联合国也需要外部力量的辅助，共同促进全球温室气体的减排。尤其是要鼓励和倡导非政府环境组织的成立和建设，鼓励他们积极参与到联合国的政策制订中来。与联合国这种政府间国际组织不同的是，非政府组织在很多时候能够起到前者难以起到的作用。下面将对这部分国际力量的作用进行论述。

（二）环境非政府组织的作用

　　美国约翰·霍普金斯大学学者 Lester M. Salamon 指出，非政府组织①有七大特征：组织性、民间性、非营利性、自治性、志愿性、非政治性和非宗教性②。有学者补充认为非政府组织还具有广泛性和高效性的特征，其中广泛性是指成员的组成及组织的存在形式没有特别的规定，而高效性是指在组织活动中成员之间、组织之间及成员和组织之间能保持良好的协调一致③。由于这样的特征，尤其是非营利性、志愿性和非政治性决定了这类组织相比由各国政府组成的联合国来说，可以在较少的政治因素牵绊下用更大的热情投入组织的任务中去。非政府组织凭着它特有的性质在国际事务中的地位不断提高，所起到的作用也更加重要。尤其是在近几十年，随着经济全球化的迅猛发展，产生出了诸多通过市场调节和政府干预难以从根本上解决的问题，如本书所探讨的全球气候变化问题，而非政府组织作为独立于市场和政府的第三部门为问题的解决提供了可能。联合国前秘书长安南在1997年向第52届联合国大会提交的工作报告中阐述了影响当前全球发展的八大因素，其中跨国性的民间社会组织的迅速发展，使非政府组织的作用越来越大，已经成为第五大因素④。而以环境保护为目的的非政府组织就是环境

---

① 非政府组织又被称为民间组织，与其类似的概念还包括社会团体、第三部门、志愿者组织等。

② 科菲·安南：《大自由：实现人人共享的发展、安全与人权》，第212条，联合国，2005。http：//www. un. org/chinese/largerfreedom/part5. htm.

③ 马彩华、游奎、李凤岐：《刍议环境非政府组织（NGO）在环境管理中的必要性》，《中国人口·资源与环境》2006年第16期，第62～65页。

④ 林燕凌：《试论非政府组织的特点及勃兴动因》，《兰州学刊》2004年第5期，第188～190页。

非政府组织（Environmental NGO，简称 ENGO）。如今，将减缓全球气候变化作为目标之一的非政府组织遍布世界各地，而最具影响力的国际环境非政府组织主要有绿色和平组织（Green Peace）和世界自然基金会（World Wide Fund For Nature，WWF）。在减缓全球气候变化、进行环境管理上，ENGO 的功能可以总结为以下几个方面：

首先，强有力的环境管理监督功能。这是 ENGO 最为重要的作用之一。如前所述，政府的强制作用和市场机制在一定程度上有利于温室气体的减排，但是从政府层面看，面对全球气候变化这种国际环境问题，政府的强制力就显得微弱了很多，尤其是在面临可能有损本国经济利益的情况下，政府的行为可能会出现偏差，难以按照自己的职责履行法定义务。从市场看，企业作为市场的主体，始终是以利益最大化为追求目标的，其外部不经济性始终存在，更何况目前国际温室气体减排交易市场仍处于建设初期，一切都极不完善。从国际环境来看，作为最大的国际组织，又是各国政府代表的联合国也由于时常出现的资金、人力、物力的短缺以及政治因素的影响无法对各国的环境管理进行很好的监督。因此，ENGO 作为社会力量的代表就起到了不可替代的重要作用。对于政府的监督，较典型的案例就是近日美国政府对北极熊态度的转变。由于全球变暖造成的北极冰川的消融速度加快（2005 年，科学家发现极地冰盖正在以每年超过一百万平方英里的惊人速度消失，面积相当于美国的科罗拉多州），北极熊的生存环境受到严重威胁。2006 年年底，美国内政部下属的鱼类与野生动物局（Fish and Wildlife

Service）正式提议把北极熊列为"濒危动物"。在美国，被列入濒危物种名单的所有动植物都会受到广泛保护，任何由美国政府执行、授权或资助的活动都不允许威胁这些物种的生存。而这项提议正是在绿色和平组织和其他环境保护组织根据美国濒危生物法起诉美国联邦政府的基础上最终达成的①。对于企业行为的监督案例更是不胜枚举。可见 ENGO 在监督政府行为、减少政府决策失误、推进环境决策方面的作用。

其次，促进民众的表达及其与政府沟通合作的功能。ENGO 是来自广泛社会力量的环境意识的体现，除了对政府行为的监督外，也一直十分重视与政府和政府组织开展合作，并积极参与到他们的决策过程中去，用社会力量支撑形成的研究成果和意见影响各国政府的决策。因为他们也意识到：在不存在世界政府的现状下，国家才是能够缓解全球气候变化的最核心的主体。例如，在联合国成立的过程中，就有 47 个 NGO 参与了《联合国宪章》的起草工作，并在宪章第 71 条表明了联合国与NGO 的关系，"经济及社会理事会得采取适当办法，俾与各种非政府组织会商有关于本理事会职权范围内之事件。此项办法得与国际组织商定之，关于适当情形下，经与关系联合国会员国会商后，得与该国国内组织商定之②"，即要求联合国与各种

---

① 绿色和平：《美国政府向北极熊妥协：美国政府正式提出将北极熊列为濒危物种》2006 年 12 月 29 日。http：//www. greenpeace. org/china/zh/news/polar‐bear.

② 引自 UN 网站《联合国宪章》第 71 条。http：//www. un. org/chinese/aboutun/charter/chapte10. htm.

NGO 之间作出适当的会商，不过那时 NGO 在参与联合国的行动中仍然受到很大限制。NGO 的影响不断扩大，被联合国接纳的程度才会大幅提高，不仅有权参与联合国各部门的协商，还可以出席联合国所主办的各种国际会议，许多联合国拟订的方案、决策都是采纳了非政府组织的意见。NGO 不仅得到了联合国的重视，还逐渐与其形成了亲密的伙伴关系。

再次，普及环保教育、提高环保意识的功能。按照世界银行的分类，非政府组织可以分为运作型 NGO（Operational NGO）和倡导型 NGO（Advocacy NGO）①。前者主要目的是设计和实现与发展相关的项目，对于全球气候变化来说就是设计和实现减缓气候变化相关的项目；后者主要目的是捍卫和促进某一目标，与前者相比，其行动方式主要是游说、印刷品发放和宣传等活动，以求唤醒人们的环保意识，让人们了解更多的环保知识。从目前来看，许多国际 ENGO 同时具备运作型和倡导型的特征，他们积极参与环境保护的宣传，并通过这类活动加强人们的环境意识，希望以此改变人们原有的不可持续的消费和生活方式。这对于有效减排温室气体是非常重要的。例如，在发展中国家，原有的落后的生产方式使得这些国家虽然人口众多但对温室气体排放的贡献相当少，然而在迈向工业化的进程中，在政府缺乏良好的环保导向和一味促进消费、促进经济发展的双重前提下，人们日常消费和生活所造成的温室气体排放速度迅猛增加。

---

① World Bank. Categorizing NGOs. 2001. http：//docs. lib. duke. edu/igo/guides/ngo/define. htm.

又如，中国 2011 年汽车拥有量冲破 9000 万辆大关，从 2010 年的 7801.83 万辆上升到了 9356.32 万辆，增幅达到 19.9%，其中，私人汽车拥有量顺利冲破 7000 万辆大关，年增幅达到 23.4%，而 2006 年年底才刚刚突破 2000 万辆①。这种以车代步、以私家车代替公共汽车的生活方式造成中国城市空气污染严重，雾霾天不断增多，温室气体排放量增大。截至 2011 年，中国汽车保有量为每千人 69.4 辆，与世界平均每千人 120 辆还有一定距离。也就是说，如果继续向西方发达国家的生活方式看齐，可想而知这样发展下去所造成的环境影响将是多么恶劣。因此，ENGO 通过宣传和教育来改变人们的生活方式、提高人们的环境意识对于减缓气候变化也将是至关重要的。

本书附件 2 以绿色和平组织为例，列举出了该组织历年来在国际上及在中国所取得的减缓温室气体排放的成果，这些成果体现了 ENGO 以上的三种功能和不可忽视的作用。例如，2005 年推动中国政府制定并颁布的世界上第一部《可再生能源法》是其与政府间合作的典型案例；对金光集团 APP 公司在印尼的非法毁林事件一直追踪到其在海南所进行的同类事件并进行报道和宣传，体现了 NGO 的监督功能及对其支持的社会力量之壮大。ENGO 和其他各种 NGO 相同，虽然在国际舞台上所起到的作用愈发重要，但目前来看仍然存在一些不足和问题，这制约着他们能力的发挥。表 6 - 1 归纳了 NGO 在国际环境中所

---

① 施凤丹：《中国汽车产业与汽车经济发展情况（2011~2012）》，中国汽车社会研究网，2013 年 3 月 6 日。

具有的优势和存在的不足。其中，优势是根据前文 NGO 的特点和作用总结出来的，这些优势使得 NGO 的发展速度很快，目前与联合国存在合作关系的就已经达到了 2600 多个。

表 6-1　非政府组织的优劣对照表

NGO 的优势	NGO 的不足
● 强大的"草根"力量支持	● 活动随意性强，缺乏制度规则
● 拥有重要的专家学者	● 自我维持能力差
● 参与方法的灵活性和使用工具的多样性	● 小规模干预
● 具有长期使命感并以可持续发展为目标	● 发展极不平衡
● 成本效益高	● 缺乏在经济社会背景下对全局的认识

资料来源：根据相关资料整理。

　　而在不足部分的分析中可以看出，第一个不足是大部分 NGO 都具有活动随意性强、缺乏制度的特征。但只要意识到，那么该不足是较容易弥补的。目前许多 NGO 也已经意识到该问题的存在，并在组织建构和制度制定上进行完善，以求从内部把自己组织好，更有效地参与到外界的行动中去。

　　第二个不足是 NGO 的费用来源主要是会员费、出售物品和服务所得、国际机构和国家政府的拨款以及个人捐赠，其中主要以拨款和捐款为主，费用的多少极不稳定，由此造成自我维持能力较差。而且在很多国家和地区，由于环境保护与经济发展之间存在矛盾，NGO 不仅得不到当地政府的拨款，甚至会遭到重重阻挠。如何令筹款的渠道更多更稳定则是所有 NGO 共同面临的重要问题。

　　另外，NGO 毕竟在规模上无法与政府以及政府间国际组织相比，因此其影响和干预的范围也相对较小，所以更应该积极参与联合国的活动以取得更多的权利，利用联合国来放大自己的声音。

NGO 的另一个不足是在发达国家和发展中国家的发展极不均衡，后者的 NGO 无论是在数量上还是在能量上都与发达国家的 NGO 差距甚远。大多数发达国家的 NGO 组织机构健全、经费相对充足，专业人员和志愿人员众多，因此他们能够推出有系统的理论体系以及较为成熟的建议和提案；而发展中国家由于历史、经济、文化等原因造成了 NGO 起步较晚，财力、物力条件又相当有限，且对国际问题的研究较少，因而缺乏能够参与国际活动的能力。这种不平衡也造成了发展中国家 NGO 在联合国的声音很难被国际听到，使得发展中国家的利益无法得到平衡和充分的保护。因此，如何解决发展中国家 NGO 能力建设问题成为一个紧迫的课题。

最后，这些 NGO 目的性很强。其中，ENGO 的目标就是保护环境，因此他们在对待相同的问题上往往过多地进行单方面考虑，而缺乏对问题的全方位认识。对于全球气候变化来说，许多 ENGO 都认为发展中国家应该早早加入与发达国家共同减排的行列，而缺乏对发展中国家现状的考虑。

NGO 不仅不是权力机构，与联合国相比，甚至也不享有国际法主体的资格，但是能够起到政府和市场难以起到的不可忽视的作用，因此，必须加以重视。各国政府应建立起与 NGO 之间的合作关系，尤其是人口众多、经济发展结构上不够完善的发展中国家政府，更应通过减免给 NGO 捐款的企业的税收、给予 NGO 一定的政府拨款、加强与发达国家 NGO 间的交流和学习等方式来鼓励 NGO 的发展，并鼓励它们积极参与国际活动。

（三）其他政府间组织的作用

除了联合国以外，国际上还存在规模相对较小的政府间组织（Inter – Governmental Organization）。虽然这些组织所达成的共识和做出的承诺也不具备法律效力，而且它们在规模和构成上与联合国还有很大区别，但是本质上都是政府间沟通与合作的桥梁，其达成的共识和方案会被成员积极推行于各种国际组织和场合中，对世界的经济和政治格局有着重要的影响。而且由于其规模小，内部相对容易达成共识，有时会取得比联合国要好的效果。

以八国集团①为例，其会员国的总人口仅占世界人口的 12% 左右，却是由世界上最强大国家组成，控制了全球 80% 的经济活动和 70% 的财富，其整体实力决定了其在国际事务中的重要地位，对各种政府与各种政府间组织以及非政府组织都具有重要的影响。尤其是随着八国集团关注的议题不断扩大，从最初以经济问题为主到目前关注的议题几乎涵盖所有联合国讨

---

① 八国集团又称八国首脑高峰会议或 G8，是指现今世界八大工业领袖国的联盟，始创于 1975 年六国首脑高峰会议（G6 峰会），始创国有 6 个，包括法国、美国、英国、西德、日本、意大利，其后加拿大于 1976 年加入，成为"七国首脑高峰会议（G7 峰会或七国集团）"。第 8 个成员国是俄罗斯，该国于 1991 年起参与 G7 峰会的部分会议，至 1997 年，被接纳成为成员国，遂成八国集团。

论的重大问题，如政治、经济、安全和各种全球性问题，并且就热点问题提出方案。就如曾担任法国前总统的弗朗索瓦·密特朗顾问的雅克·阿塔利所说，国际货币基金组织、世界银行、世界贸易组织，乃至联合国内批准采取的很多政策，都是在八国集团会议期间，特别是在筹备八国集团首脑会议期间形成的①。有人甚至认为，八国集团有成为"超级联合国"的趋势②。而这不仅表现在八国集团对其他组织和机构的影响力上，更表现在对联合国所遇到的疑难问题的解决能力上。毕竟如前所述，联合国的组成过于庞杂，对于很多争端问题由于会受到来自各种利益群体的压力而无法形成强大的合力团结一致，使得问题的解决效率低下。例如，对待 20 世纪 90 年代的科索沃战争调解，联合国一直没能拿出有效的办法，直到 1999 年，八国集团外长率先通过了有关政治解决科索沃危机的总原则，为解决危机定了基调，并向联合国提交了解决方案才缓解了争端。而八国集团在这次国际问题上表现出来的能力也使很多人认为世界权力的中心不再只有联合国一个。日本在这次危机中就曾表示，有些危机仅靠联合国决议是行不通的，而八国集团比联合国更加有效③。对于气候变化问题，八国集团也表现出积极的

---

① 韩慧、栗成良：《浅析八国集团的转型对全球政治的影响》，《山东农业大学学报》（社会科学版）2004 年第 4 期，第 99～102 页。

② 曹令军：《浅析美国的"小型超级联合国"战略》，《探求》2003 年第 2 期，第 42～45 页。

③ 孙茹、张运成：《八国集团缘何正成为"超级联合国"?》，中国网，2004.06.10。http://www.china.com.cn/zhuanti2005/txt/2004－06/10/content_5583715.htm。

态度，在《京都议定书》正式生效的同一年通过了一项旨在减少温室气体排放的行动计划，所强调的方式是采取创新措施，支持开发和使用清洁能源。除此之外，八国领导人还通过了一个关于气候变化的公报，强调气候变化是一项长期而严峻的挑战。

然而，也应该看到，八国集团乃至其他许多规模相对较小的政府间组织也存在一些不足。首先，各成员国之间存在矛盾。如前一章所述，美、澳与大部分发达国家在减缓全球气候变化问题上存在争议，这也反映在他们所加入的政府间组织的议程中。例如，在八国集团中，欧洲国家在国际环境议题上总冲锋在前，日、加也与他们保持一致，而美国经常抵制环境倡议，难以达成共识导致八国协议常常变成一纸空文，因为八国集团能否发挥作用取决于成员国能否达成共识。虽然有这样的不足，但与联合国比较，矛盾的复杂性就显得微不足道了。其次，这些小规模的政府间组织是出于国家利益的相似性而形成的，政治色彩浓厚，而无法像国际非政府组织一样反映全球广大人民的利益，也不像联合国一样代表大多数国家，因此他们所提倡的议案普遍具有一定的倾向性，即倾向于成员国的自身利益。八国集团就是代表最富有国家利益的集团，那么在探讨全球气候变化问题上，必然以自身利益最大化为目标，而不能很好地顾及其他国家的利益。Thakur 和 Bradford 认为，若要减缓全球气候变化，依靠庞大的联合国是行不通的，仅靠八国集团也是行不通的，而应该形成一个新的国际组织，该组织应主要包括八国和几大发展中排放大国，即巴西、中国、印度、南非和埃及等①。他们认为，八国集团在诸多环境问题谈判与合作中成效不大的一个重要原因就是没有将那些温室气体排放量日益增大的发展中国家纳入进来。这十四个国家的温室气体排放量可以说占据全球排放总量的大部分，且发展中国家的排放趋势仍在迅速攀升中。简言之，代表单个利益群体的政府间组织应该加强与其他国家的交流与合作。

从以上的分析中可见，减缓全球气候变化一方面无法依靠单个国家权力机构来实现，也不存在一个具有法律效力的世界政府来提供解决方案，然而，许多政府和非政府组织的存在却提供了一种充满希望的解决途径。各种不同的组织在国际环境问题中起着有差异但很重要的作用，他们之间是一种互为补充、互相监督和互相协调的关系，而不应该是彼此竞争和替代的关系。联合国虽然在效率上很难与非政府组织和规模较小的政府组织相比，其制度有待改进、职能也有待加强，但毕竟它给予大多数国家参与议程的机会与权利，能够代表大多数国家的利益。其他各种国际组织的作用可以通过联合国的机制得到放大，而联合国也可以在其他组织中得到相应的理论和技术支持。继续保持这样的关系有利于各国利益的均衡，有利于体现国际公平。在未来的发展中，联合国应该进一步改革来加强职能，既要提高发展中国家的发言权，又要保持吸收发达国家的合理主张，而其他政府间组织和机构应进一步加强彼此的交流与合作，

---

① Thakur, Ramesh, and Colin Bradford. "Climate Change and Global Leadership". *The Hindu*, 2007. 02. 10. http: //www. thehindu. com/2007/02/10/stories/2007021002451000. htm.

非政府组织则应在内部完善的情况下与政府和政府组织加强合作。在提供和实施解决方案的主体方面，全球气候变化问题无法和"公地的悲剧"问题一样依靠具有强制力的国家和地方政府主动来解决，而需要依靠国际社会的力量。但是在尚难以形成具有超越国家权力的世界级政府前，国际社会作为为全球气候变化提供解决方案的主体，应主要关注如何加强合作、促进各利益群体达成共识以便减缓全球气候变化。

二　明晰产权与难以明晰产权

哈丁认为解决"公地的悲剧"问题有两种方案最有效：一是通过建立强制性的制度，由国家或地方政府严格执法；二是利用市场将"公地"的产权私有化。在以国家为整体的环境内治理环境的主要两类手段就是"关停并转"的命令控制手段和利用环境税、费、交易证等经济手段将污染权进行分配。而这两类手段就构成了哈丁用来解决"公地的悲剧"的方案。从国家的角度来看，这两种方案的确有一定效力，但是对于全球气候变化来说，其效力却值得怀疑。

由上一节的论述可知，对减排施行管理的主体是没有法律效力的国际组织，而被要求减排的是主权不可侵犯的国家，因此强制性的制度难以建立，造成当今国际协议在许多缔约国的履行情况都不太令人满意。这在上一节探讨方案提出的主体时已进行了相应的分析，本节侧重探讨第二种解决方案的效力。

　　哈丁指出，"公地的悲剧"也可以表现为污染问题，而这个问题不是从公地中拿走什么东西，而是放进什么东西[①]。那么，对于人为温室气体排放造成的全球气候变化来说，要进行产权的私有化就是对温室气体排放量的权利私有化，即哪个国家最多能往大气中排放多少温室气体。旨在减缓全球气候变化的国际协议的实质就是继承了解决"公地的悲剧"问题的思路而对温室气体排放权的分配。《京都议定书》为了确保缔约方能够按时完成减排任务，提出了三种减排机制。其一是联合履行机制（Joint Implementation，JI），是指发达国家之间通过项目级的合作所实现的减排单位可以转让给另一个发达国家缔约方；其二是清洁发展机制（Clean Development Mechanism，CDM），目标是在发达国家和发展中国家之间建立一种"双赢"的机制，发展中国家通过合作可以获得发达国家的资金和技术，而因此所减少的经证明的排放量可以用作发达国家减排承诺中的一部分，这可以降低其国内实现减排所需的高额费用；其三是排放贸易机制（Emission Trade，ET），是指发达国家缔约方将其超额完成减排义务的指标以贸易的方式转让给另外一个未能完成减排义务的发达国家缔约方[②]。这三种机制其实就是对温室气体排放权进行交易和再分配的不同形式，从理论上看，这三种机制是灵活的、先进的，按照 IPCC 的基准情景模式预测，如图 6-1

---

① 〔美〕哈丁·加勒特：《公地的悲剧》（1968）；〔美〕赫尔曼·E. 戴利，肯尼思·N. 汤森：《珍惜地球——经济学、生态学、伦理学》，马杰译，商务印书馆，2001，第 152 页。

② 具体内容详见《京都议定书》第六条、第十二条和第十七条。

所示，可以取得较好的成果。

　　然而，从《京都议定书》生效至今，这三种机制并没有带

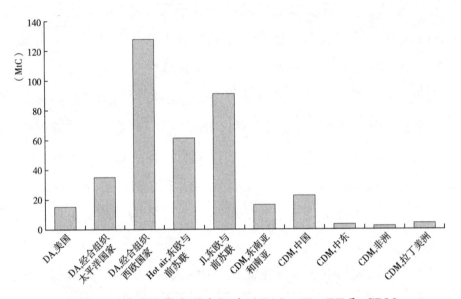

**图 6 - 1　碳减排量在国内行动（DA）、JI、ET 和 CDM
之间的分布（基准情景）**

　　资料来源：基于吕学都、刘德顺主编的《清洁发展机制在中国》（清华大学出版社，2005）第 38 页，图 T3 加工制作。

给附件 B 大部分缔约方太多减排的动力。例如，截至 2013 年年底，我国在 CDM 的市场份额已经超过 60%[①]，被认为是 CDM 项目市场潜力最大的发展中国家[②]。但根据国家发改委统计，截至 2005 年年底在中国 CDM 项目中最为活跃的碳购买方仅有荷兰、

---

①　中国清洁发展机制网：《中国 CDM 项目签发最新进展》2013 年 12 月 1 日。
　　http：//cdm. ccchina. gov. cn/ ItemInfo. aspx？ Id = 53.

②　吕学都、刘德顺：《清洁发展机制在中国》，清华大学出版社，2006，第 37页。

日本、意大利、芬兰、瑞典、奥地利和德国①，减去附件 B 国家中不需要减排的 6 个国家，这些积极参与 CDM 项目的国家只占附件 B 缔约方总数的 21%。截至 2013 年，在近 1400 个签发的 CDM 项目中罕有美国、法国、比利时、加拿大等发达国家的身影②。当然，由于《京都议定书》第二减排期的相关原则依然未出台，CDM 项目的申报于 2013 年受到了不小影响。

　　造成各缔约方发达国家通过各种机制减排动力不足的原因至少有两个。第一个原因是价格机制尚不成熟。在不同形式下的排放权交易尚没有统一的碳价格，有市场观察家分析，这三种机制之间可能会发生价格分化，如果该价格分化差异较大，各国必然会选择成本最小的方式。因此在《京都议定书》软约束力之下，交易市场的价格可变性较大，大部分国家宁愿等待更低的交易价格出现而不愿过早参与其中。同时，据悉目前许多发达国家单靠国内自行减排远远达不到《京都议定书》规定的目标，必须通过各种交易机制向国外购买排放权，但欧盟也指出统一的碳价格可能要在 2012 年以后，最早在 2020 年才有可能制定出来③。即便在欧盟内部已经实施了碳交易并形成了世

---

① 宋彦勤：《清洁发展机制在中国的市场潜力》，中国清洁发展机制网，2006。http：//cdm. ccchina. gov. cn/ UpFile/File601. PDF.

② 该分析依据国家发改委国家气候变化对策协调小组办公室所办的中国清洁发展网的"中国 CDM 项目官方受理申请最新进展"所得。http：//cdm. ccchina. gov. cn/web/main. asp? ColumnId = 18.

③ Economist. com，"The EU Unveils Bold Plans to Tackle Global Warming" *The Economist*，2007. 03. 09. h ttp：//www. economist. com/daily/news/display-story. cfm? story_ id = 8835705&top_ story = 1.

界上最大的碳交易市场，但从近几年的发展来看，由于宏观经济走势长期不利、该市场最初释放的许可证量过大的缘故，曾经高居每吨 30 欧元的欧盟碳价 2013 年已经降至 5 欧元上下，甚至在 4 月跌至 3 欧元以下，这给曾经信心十足的欧盟以沉重打击[1]，也给其他国家不积极采取行动以借口。第二个原因，也是最关键的原因，尚不存在可实施的产权，即温室气体的排放权。可实施的产权指的是，法律体系将对任何侵犯他人产权的行为或个体进行惩罚[2]。存在这样的一个法律体系是明晰产权的必要条件。如果不存在可实施的产权，缔约者可能发生违约而不用担心受到制裁。如前所述，可实施的产权正是全球气候变化问题所面临的一大缺失。美国单方面退出《京都议定书》的行为，以及加拿大之后的退出行为，从产权的角度讲就是破坏国际协议规定的排放权的分配制度，为本国争取更多的排放权，但国际社会却不具备对此行为进行惩罚的权力。现阶段处在一个缺乏法律约束力的国际协议中，排放权交易的价格机制又极不成熟，各国必然缺乏在温室气体减排方面投入的动力，或者出现呼吁的"雷声大"，行动的"雨点小"的现象。即便到期无法完成减排任务，还可以累积到下一承诺期内，如果继续向后拖延最终也不一定存在有力的惩罚措施，缔约国甚至可以选择退出协议不再履行承诺，而本国所争取到的则是更多的排

---

① The Economist, Carbon Trading: ETC? RIP? 2013 - 4 - 20.

② Perman, Roger and Yue Ma, James McGilvray, Michael Common. *Natural Resource and Environmental Economics*, 3rd Ed. , Pearson Education Limited, 2003, p. 299, 445, 350.

放权。

当前的机制对排放权的管理和控制不仅缺乏效力，难以有效实施排放权的分配，而且已分配的排放权也产生了诸多争议。最为显著的就是以美国为首的发达国家对中国、印度等发展中国家排放权不受控制的强烈反对以及以欧盟为首的发达国家对美国不加入《京都议定书》的强烈抗议。拥有排放权的多寡直接影响着各国经济的发展。例如，在第一承诺期内的排放权贸易机制，截止到 2007 年，已经造成欧盟各国的国内电力价格平均上涨了 3% ~ 5% ，工业用户的电力平均价格还要高。随着在减排方面的投入，该价格还会继续上涨。欧盟 27 国首脑已经达成一致，承诺到 2020 年把二氧化碳等温室气体排放量在 1990年的基础上减少 20% 。国际能源机构执行干事克洛德·芒迪对此提出警告，认为欧盟如果不引入更便宜的绿色替代能源，这一新的目标将造成沉重的财政负担①。而这一减排目标最终是要落到国内企业和个体身上的，对于那些能源密集型的产业来说意味着巨大的成本。而企业的高成本直接会带来两方面的影响。首先，会造成企业与欧盟委员会及政府之间的矛盾不断激化。其次，成本的提高必然造成产品价格的上升，从而影响企业的国际市场竞争力，因此会造成国内贸易保护主义（Protection-ism）势力的抬头。而第二种影响已经发生了。法国前总统希拉克曾要求对来自不限制温室气体排放的国家的产品征收过境税

---

① 新华网，《国际能源机构认为目前欧盟温室气体减排成本高》，2007.03.01。http：//news. xinhuanet. com/world/2007 – 03/01/content_ 5788965. htm.

（"Border – Tax Adjustments"）①，欧盟也于 2012 年曾单边强征航空碳税。这种影响在未来随着欧盟加大对温室气体减排的力度而变得更加强烈。那么，减排投入→成本增加→产品竞争力下降→国内贸易保护主义势力增强等一系列的连锁反应最终会引起一番什么样的国际政治与经济的变化呢？又会对发达国家和发展中国家分别造成什么样的影响呢？欧盟委员会极力推动成员国进行温室气体减排所产生的与其他国家间的不均衡会以什么作为弥补的代价呢？问题的答案仍存在很大不确定性。

由于"冥王星现象"的存在，人们一直将全球气候变化默认是"公地的悲剧"，从而在寻找解决方案时也将"公地的悲剧"之思维套入气候变化问题中，认为可以通过对排放权的分配来解决。通过以上分析不难发现：全球温室气体的排放权是难以明晰的，全球气候变化通过产权私有化的方案不一定会带来好的效果。这种方案只有在具有健全的法律体系的国家内才是可行的，法律系统的保障是产权得以私有化的必要条件。

三　道德无用与道德有用

哈丁在探讨"公地的悲剧"时对另外一种解决方案的效力，

---

① Economist. com，"The EU Unveils Bold Plans to Tackle Global Warming". *The Economist*，2007. 03. 09. http：//www. economist. com/daily/news/display-story. cfm? story_ id = 8835705&top_ story = 1.

即依靠对人们良知（Conscience，又可称为道德心）的唤醒来改变人们的行为表示质疑。他认为道德心的呼吁在长期会造成自我毁灭，在短期也会让人们陷入"双重束缚"（Double‐Bind）[1]之中，影响人们的心智健康，无论何时所造成的弊端都是严重的。因此，对于"公地的悲剧"问题来说，道德的作用是一种疾病[2]。也就是说，解决"公地的悲剧"问题，道德是无用的，甚至有负面影响。哈丁用人口问题对此进行了论证。他指出，一方面由于大部分人不会选择自我消亡，所以良知的呼吁不可能对他们起作用；另一方面长期呼吁良知只会让一部分响应呼吁的人降低生育率，而另一部分生孩子较多的人生育的后代所

---

[1] "双重束缚"的概念最早由 Gregory Bateson，Don D. Jackson，Jay Haley 和 John H. Weakland 在 1956 年提出，是指这样一种情景，即父母之间或父母与子女之间交流时在关系水平与内容水平之间有明显的矛盾，使家庭交流发展出一种矛盾的不确定性。受到这种矛盾威胁的成员注意到，不管他决定采取何种回应方式都注定要失败。如果他反复地或持续地暴露在这种毫无出路的境地中，就会学着借助于同样相互矛盾的信息来逃避惩罚，逃避伤害。作为一种防御性的手段，这个个体将从此以扭曲的方式来应付所有的关系，但却渐渐失去理解自己的以及别人的交流行为的真正意义的能力。Bateson 等人认为"双重束缚"是产生精神分裂症和情绪障碍的重要原因。哈丁在文中借助该概念认为过分使用公地的人面对以良知的名义要求他停止其行为时，会自觉不自觉地意识到两种自相矛盾的信息，从而影响他的精神健康。一种是有意传达给他的信息，"如果你不按我们说的去做，我们将公开谴责你是个不负责任的公民"；一种是无意传达的信息，"如果你的确按我们说的去做了，私下里，你将被嘲笑为一个傻瓜，当别人侵吞公地的时候，你却傻呆在一旁，你应感到羞耻"。

[2] 〔美〕哈丁·加勒特：《公地的悲剧》（1968）；〔美〕赫尔曼·E. 戴利、肯尼思·N. 汤森主编《珍惜地球：经济学、生态学、伦理学》，商务印书馆，2001，第 152 页。

占比例逐渐增大，最终"自然界将会采取她的报复行为，节育的种族将灭绝，取而代之的是生育的种族"①。相比之下，建立制度才是最有效的解决方案，而这一制度在一定程度上就指的是强制性的拥有足够制裁的社会制度。然而，这种一味强调强制性制度而忽略道德的解决方案不适合解决全球气候变化问题。

减缓全球气候变化与限制人们生育的区别首先体现在人为温室气体的减排可能会要求人们少消耗一些能源，少消费一些资源，但绝不会对人类的生存与延续产生质的威胁，甚至随着人们对生存环境质量的要求逐渐提高、清洁能源和技术使用成本的大幅降低，人类减排的意愿还会提高。采用清洁技术进行减排的人们是不会因此而出现"种族灭绝"的事件的，温室气体排放量大的单位和个人也不会因此而生存得更为长久。最好的实例如图6-2所示，各国乘用车燃油标准各不相同，其中以日本车的标准最高，燃油量最小。在当今石油紧俏、价格攀升的国际市场上，日本车的这一特点给其带来了更多的青睐和市场占有率。相比之下，美国对国内汽车行业的温室气体排放标准要求最低，反而导致许多美国产汽车无法进入其他国家的汽车市场，造成市场占有率逐渐降低②。可见，减缓人为温室气体排放不会出现解决人口问题时所面临的道德困境。不仅如此，道德的呼吁对于减缓人为温室气体排放还可以起到更为

---

① 引自〔美〕赫尔曼·E. 戴利、肯尼思·N. 汤森主编《珍惜地球：经济学、生态学、伦理学》，商务印书馆，2001，第158页。

② Guggenheim, D. An Inconvenient Truth (DVD), Lawrence Bender Productions, 2006.08.31.

积极的作用，可以作为有效的解决方案，这主要表现在两个层面。

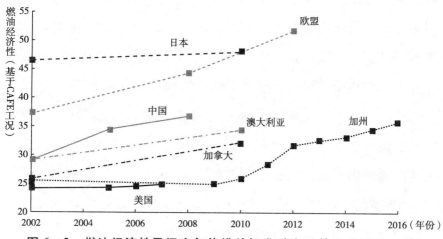

图 6 - 2　燃油经济性及温室气体排放标准对比（基于 CAFE 工况）

资料来源：The Pew Center on Global Climate Change, 2004. p. 2。

首先，对行为责任人的道德呼吁可以起到积极作用。有学者认为，人们对于其他国家出现的贫困、人口增长等所造成的悲剧不会产生责任感，这是正常的，因为他国的悲剧毕竟不是由"我们"引起的，也就不存在负责不负责之说。哈丁认为，在缺乏足够制裁的前提下，所谓责任就是试图迫使一个侵吞公地的自由的人违背其自身的利益。然而全球气候变化并非"公地的悲剧"，它和人口问题不同的是往往他国的悲剧正是本国所造成的。正如上一章对气候变化的预期影响的分析中所述，各国对人为造成的全球气候变化的贡献率和受气候变化危害之间不成正比，发达国家是人为温室气体排放最多的国家，而发展中国家却是因此受到危害最大的国家。在这样的情况下，对行为责任人的道德呼吁并非是不可能的，这是呼吁他们对自己的行为负责。从当今国际的情形来看，发达国家也的确承认在人为温室气体排放中他们的主要历史责任。而这种国家责任的承担并非是个别政治家的良心发现，而是发达国家的民众从 20 世纪 60 年代至今推动的各种绿色运动逐渐形成的，这体现了普遍存在于人们心中的对责任感的直觉认知和承担的意愿。

　　其次，利他主义倾向的存在也可以起到积极作用。即便个体对于他人所受到的灾难没有任何责任，也会因内心的利他主义倾向而伸出对他人的援手。利他主义（Altruism）的概念最早是在 19 世纪由法国哲学家 Auguste Comte 提出的，Auguste 将其定义为与利己主义（Egoism）相对立的道德原则[1]。他认为个人具有一种道德责任感促使其关心他人的福利以及整个人类社会的福利。在英语中，利他主义经常被表述为"道德的黄金准则"（Golden Rule of Ethics），在佛教中则被认为是人类天性中基本的特质[2]。亚当·斯密在《道德情操论》中写道："毫无疑问，每个人生来首先和主要关心自己"。他把改善自身生活条件看作人生的伟大目标[3]，但是在该书开篇他也指出人类无论多么自私，其"天赋中总是明显地存在着这样一些本性，这些本性使他关心别人的命运，把别人的幸福看成是自己的事情，虽然他除了看到别人幸福而感到高兴以外，一无所得"。斯密认为这种

---

① *The Columbia Electronic Encyclopedia*. 6 ed., Columbia University Press, 2003.

② 资料搜集整理自维基百科。http://en.wikipedia.org/wiki/Altruism.

③ 亚当·斯密：《道德情操论》，商务印书馆，1998，第 101~102 页。

天性就是人类在道德领域中所具有的同情心和正义感。他通篇论证了这种道德情操与利己主义的关系及对人类的影响，并指出在道德领域对利己主义的控制就要寄托于同情心与正义感。总之，对于人类道德情操中利他主义倾向的存在和影响的探讨论证，早已不拘泥于一个时期、一个领域，而是随着时间的推移从哲学和伦理学跨进了更为广泛的领域，而且也在现实之中得到了充分的证实。在气候变化问题中，典型的利他主义行为表现在各种非营利性环境组织的存在。这些组织都是以人类的可持续发展为目标，其职员部分是不拿任何酬劳的志愿者，部分带薪者所得酬劳也比在营利性组织中所得要少很多。他们的存在正是对利他主义倾向的现实证明。另外，当一国遭到某异常气候现象造成的灾害时，各国政府都会支援该国救灾的物资。即便政府的行为可能带有一定的政治色彩，那么来自大多数普通人民的捐款捐资则可被看作一种利他主义的倾向和同情心、正义感的表现。

　　哈丁认为在没有强制性的制度下，任何道德和责任的呼吁都是无作用的，然而基于以上两点不难看出，责任感、同情心和正义感在人内心的存留对于制度的完善起着不可忽视的推动作用，而且该作用是市场和政府都难以取代的——市场对外部不经济性的控制无效，政府又有更加复杂的政治考量。正如前文对NGO的论述，这些以道德心和责任感为根本行为指导的组织在推动政府采取减排行动和国际合作以及对该领域的科学研究上的贡献都是不可忽视的，而且它们的存在如同桥梁将企业、公众、政府联系起来，促成整个社会良性发展。

当然，哈丁的观点也有其道理，即无论是承担责任还是采取利他主义行为，任何道德行为都要付出一定的代价，但是这种代价的付出有时可以得到个体更大的满足。例如，在减缓温室气体排放问题上，A 企业积极通过设备升级和清洁技术的利用来降低排放量，同行业内 B 企业不采取任何行动，那么相比起来 A 企业的行为会给其带来一时的成本增高，但在未来不仅会促使 A 企业提高效率、节约能源，更会使该企业占据道德高地，在产品的竞争市场上获得良好的信誉，其长期效应对其个体的发展是有利的。而且随着节能减排市场模式的推广，例如，合同能源管理，高耗能、高排放的单位也可以通过节能服务公司来实现零成本的技术和系统升级，从而提高效能，减少碳排放，并带动了新行业的发展和产业的升级[1][2]。而从国家来看，也有学者指出，欧盟以保护环境的名义积极鼓吹《京都议定书》的目的是希望通过此举提高欧盟的国际地位，抢占国际政治中道德的高地，然后联合日本、俄罗斯等环境发达国家在政治上孤立美国，这样在世界范围内就会引发消费者对美国产品的厌恶，从而给欧盟带来更多的经济利益[3]。

另外，哈丁对强制性制度的一再强调对于减缓全球气候变化来说也并非是最好的解决方案，因为不存在可以强制各国推

---

[1] 魏东、王璟珉、聂利彬：《低碳经济研究学术报告（2011）》，《山东大学学报》（哲学社会科学版）2012 年 3 月，第 31~42 页。

[2] 王璟珉、居岩岩、魏东：《低碳经济研究学术报告（2012）》，《山东大学学报》（哲学社会科学版）2013 年 4 月，第 30~44 页。

[3] 周翱：《后京都时代的大国博弈》，《绿叶》2005 年第 6 期，第 44~47 页。

行减排计划的国际法律主体。强制性的国际制度是难以建立的。相对而言，由于道德在减缓全球气候变化方面的作用，人们应该更注重如何从最大化地发挥道德的作用入手建立一套新的制度，使得人们将利己与责任紧密地联系起来。而这样的制度必须具备两个特性，一方面对具有责任感和道德心的行为进行奖励，另一方面对不负责的行为进行惩罚（不过，由于缺乏国际机制必然会缺乏强制力，惩罚措施的可行性也就相对较低，所以应以奖励为主），奖罚分明，为人们的行为增加第二动力，而这样的制度其实就是一套具有自我激励的制度。这一结论的推出与第六章第一节的结论不谋而合，更进一步证明了全球气候变化在解决方案上与"公地的悲剧"的差异。

　　简言之，无论是理论还是实践都证明了在减缓全球气候变化方面道德发挥的重要作用。

四　小结

　　通过分析可见，全球气候变化的缓解是困难的，因为它早已不再是一个简单的科学问题，它牵扯到方方面面的利益，牵一发而动全身，任何一个国家对于减排态度的变化都将给该国的经济、政治、外交、文化和生活各领域带来相应的影响，而且反过来，一国的经济社会发展程度也会直接影响其对减排的态度和力度。本章从三方面探讨了全球气候变化在解决方案上与"公地的悲剧"的区别。全球气候变化牵扯到各国的政治和经济利益，比"公地的悲剧"要复杂得多。由于不具备法律约束力，各种国际组织的存在都难以强制国际协议的执行，温室气体的排放权也无法得到明晰。哈丁针对"公地的悲剧"所提出的建立强制性制度的解决方案基本上无法在解决全球气候变化问题时发挥效力。但被哈丁所否定的道德作用却对减缓温室气体排放有着不可忽视的作用。很显然，全球气候变化不是"公地的悲剧"。

通过对全球气候变化在解决方案上的重新认识，有助于人们放弃原有的强制性制度理念，集中在思想领域和技术领域寻找答案。在思想上，通过教育、宣传来发扬道德的作用以帮助人们形成一个环境友好的生活和消费习惯，监督政府和企业的政策与行为是否会造成更多的污染物排放，推动各国在减排方面的积极合作；在技术上，通过加大鼓励科研与创新，提高能源的使用效率，降低可再生能源的使用成本，使其在国际上得到推广。

但是，人们应该意识到，造成当前的不良局面的主要原因还是人类对改造和控制自然的欲望。综观人类历史，在以往几千年中，人类对自然都是怀着敬重之心的，顺其自然乃生存之道。改造自然、征服自然的信念是在二三百年前随着工业革命的掀起而逐渐在人们心中形成的。随着科技的发展，人类自觉对自然的认识愈加清晰，可以控制与掌握它，并且将此作为人类与其他动物的本质区别之一。而当人类在改造的过程中出现了严重的环境问题威胁到自身生存之时，人类又开始有了对遍体鳞伤的自然界进行改善之心，并又一次坚信自己具备改善的能力。但是，改造抑或改善，这两种信心都是可怕的。无论科技如何发达，自然的规律都应该遵循，在尊重和顺应"大道"之上寻求发展。即便是采用可再生能源和清洁技术，也改变不了人们对资源的掠夺和对环境的危害，只是程度可能相比而言更轻一些。毕竟，相比技术上的变革，思想上对自然尊重与顺应的转变显得更为重要。

第 七 章

全球气候变化不是"公地的悲剧"

一 全球气候变化具有强烈不确定性

通过与"公地的悲剧"在认知比较框架中的比较分析可见，虽然大气属于公共用品，但因大气中温室气体排放增多而造成的气候变化并非"公地的悲剧"，而是比后者更为复杂的问题，这不仅体现在问题本身的特性上，还体现在由其特性所引起的影响以及应对的解决方案上。

其中，相比可以确定风险概率的公地问题，全球气候变化要解决的问题是一个典型的不确定性问题，而且是一个根本不确定性问题——难以预见所采取的某种政策可能带来的所有后果，更无法计算出各种后果之概率。这与人们对包括气候系统在内的整个自然界的了解程度有着直接的联系。毕竟气候系统并非一块孤立的"公地"，它是自然界的一个子系统，与其他的子系统之间存在相互影响和作用的紧密关系，并且还与地球以

外的系统进行着物质能量的转换与交流。这种各系统间内在的
关联对人类在目前以及未来很长一段时间来说都是难以准确把
握和预测的。正是这种不确定性的存在，使得全球气候变化问
题的解决存在技术解决的可能性，而这主要取决于未来在技术
淘汰过程中转换成本的大小。另外，人类在工业文明中解决了
一些矛盾，却也制造了新的矛盾，这体现在全球气候变化上，
就是全球变暖与全球暗化间的矛盾，这使得影响气候变化的因
素更为复杂，加之其他的各种自然因素在内，影响气候变化的
因素绝非是单一的，在强调人为温室气体排放因素的同时，绝
不应忽视影响因素的复杂性。全球气候变化是一个具有不确定
性、影响因素多样并相互制约，且存在技术解决可能性的问题，
而且已经跨越了环境问题的领域，成为当今涉及并影响政治、
经济、教育、文化的国际性和综合性问题。

　　全球气候变化的内在特性决定了它的预期影响与"公地的
悲剧"的明显差异。由于不确定性的存在，全球气候变化的未
来是不是悲剧无法确定。正如当前 NIPCC 和 IPCC 两个针锋相对
的组织所出具的研究报告所展现的，一部分科学家认同气候变
化总体会对人类产生负面影响，而另外一部分科学家则认为气
候变化不一定是坏事，甚至会使人类整体受益。可见，气候变
化不是一个利益均摊、风险共担的公地问题，而是对于不同利
益群体的短期利益与损害各有差异、长期风险概率也完全不同
且难以预计的问题。而在这个问题中，国家被看作人为温室气
体排放的主体和全球气候变化影响的受体，且不同的国家在同
时作为主体和受体时，其行为及所承担的后果不成比例，受其

他国家行为的干扰严重。本书根据国际社会格局将各国划分为六大利益群体，分析发现，短期内的小岛发展中国家就无法从人为温室气体排放拉动的经济增长中受益，甚至在他国大规模发展工业并获益之际受到生存的威胁。由于各国的环境脆弱性和国力的不同，即便出现预测中的灾难也并非同时发生、共同承担、受害程度相同。这种影响上的显著差异导致了各国政府在对待全球气候变化问题上的态度截然不同，但无论是积极响应、消极对待还是静观其变，都是为了最大服务于本国利益。另外，这六大利益群体也并非静止不变的，因为国内政治、经济、社会等因素的发展和需要，有些国家会改变自己的利益导向，转向与之前完全不同的立场，有些国家则会跨越群体区隔，寻求跨群体的战略联盟。

这在一定程度上说明了各国政府对于全球气候变化的影响的关注远远小于治理或者不治理到底能够给本国带来什么样的政治经济利益。可以说，对于全球气候变化的关注态度已经成为了一种有力的政治筹码。无论是美国政府对《京都议定书》的反对态度还是欧盟的积极态度都是充分考虑了自身利益后的表现。例如，在英国财政大臣戈登·布朗与保守党领袖戴维·卡梅隆争夺托尼·布莱尔离任后英国政局的主导权时，为了赢得更多的支持，他们都将全球气候变化相关政策纳入自己的政见，并表示自己才是更加激进的环保人士[1]，而英国政府也的确

---

① The Economist, Climate Change: A Hot Topic Gets Hotter, Economist. com, 2007. 03. 15. http://www.economist.com/world/britain/displaystory.cfm? story_id=8867858.

在缓解气候变化的态度上一直表现得最为积极和主动——虽然在《京都议定书》中需要履行的减排义务是 2008～2012 年期间减排量达到 1990 年排放水平的 12.5%，但 2003 年英国首相主动将减排义务设定为到 2010 年达到 20%，2050 年达到 60%。不过就目前实际情况来看（如图 7-1 所示），第一阶段的目标是很难达到的，英国政府也最终承认了这一点。不仅如此，《京都议定书》第一减排期的减排目标整体没有达到，就被拖入了第二减排期漫长的国际协商中去了。所以有批评家认为这些目标的设定只是政府的花言巧语①。

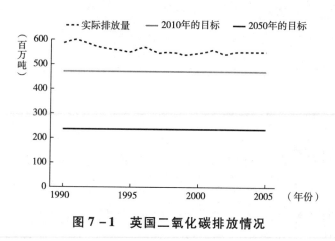

图 7-1　英国二氧化碳排放情况

资料来源：基于 The Economist 的 "Climate Change：A Hot Topic Gets Hotter"．Economist. com，2007. 03. 15 翻译制作。http：//www. economist. com/world/britain/displaystory. cfm？story_ id = 8867858.

可以说，全球气候变化在影响上的差异造成了各国在短期

---

① The Economist，Climate Change：A Hot Topic Gets Hotter，Economist. com，2007. 03. 15. http：//www. economist. com/world/britain/displaystory. cfm？story_ id = 8867858.

和长期利益上的差异从而形成了不同的利益群体，在国际谈判中，自然难以达成完全的共识。这就给以国际社会为主导的解决方案带来了巨大的困难。当然这种困难不仅来自于各国内在的原因，更是取决于国际政治格局的现状。目前的国际政治格局由于两方面的原因而对问题的解决显得力不从心。一方面，当今的世界格局是以民族国家为基础的，国家主权不可侵犯是国际政治经济活动所遵循的根本原则，国际协议试图对温室气体排放权进行分配却不具备超越国家的权力和足够的约束力，也就是说对于温室气体排放的产权无法明晰。另一方面，各国都在追求不同层面有利于本国利益的国际公平——发达国家认为减排义务的分配不公平，要求发展中国家也一同履行义务；发展中国家认为发展机会不公平，发达国家必须承担减排的主要责任；小岛国发展中国家认为生存机会不公平，无论历史责任还是当前责任，只要能确保国家得以生存，所有承担责任的国家都应积极减排。因此，在国家利益优先的原则下，不具备法律强制力的国际社会难以有效地对气候资源的使用权进行分配，没有强制基础的强制手段必然难以起到预期作用。

虽然如此，国际社会在探求全球气候变化问题的解决方案时仍然起到了不可忽视的推动力和影响力。种种事实表明，联合国、其他政府间组织，以及环境非政府组织在很大程度上影响着各国政府的决策。他们之间深入的交流与渗透促进了相互作用、互为补充的关系，在未来的发展过程中，也不应该是一种替代关系，而需要进一步加强合作，在以联合国为主体的状态下，强化国际社会的影响力。总之，若要找到更为合适有效的解决方案，仍然要以国际社会为主导，通过本书所列的系列措施进一步加强他们的实力和影响力。而他们的影响力也不仅表现在提供科学依据、研究治理机制和推动政府间合作交流的运作上，还表现在其强大的提倡与宣传力上。通过宣传来呼吁公众的良知与道德，这在现实中也正在并将一直会起到积极的作用。

道德的呼吁不仅对公众来说是有用的，对于推动可持续发展的社会制度的建立的作用也是不可小觑的，道德的作用进一步证明了全球气候变化并非"公地的悲剧"。就人为温室气体的排放来说，这是 200 多年来工业化的漫长累积，其排放源具有复杂多样难以在短期内得到彻底取缔的特性，在还没有找到或创造出成本低、效能高的清洁能源之前，应加强道德的呼吁来推动相关制度的完善。正如康德在《实践理性批判》中所说"有两种东西，我们越是对它们反复思考，它们所引起的敬畏和赞叹就越是充溢我们的心灵，这就是高悬头上的灿烂星空和深据内心的道德法则[①]"，我们应该相信道德的力量。

应该认识到，全球气候变化的复杂性以及影响的国际性和不确定性造就了在解决问题时应以建立长效机制为主的政策，而非"公地的悲剧"那样可以强制解决。而这一认识在魏东的论述中从环境库兹涅茨曲线的角度得到了验证。他指出，全球气候变化问题应定位在治理成本高、危害相对小的矩阵格中，

---

① Thomas Kingsmill Abbott, B. D. , Fellow and Tutor of Trinity College. Kant's Critique of Practical Reason and Other Works on the Theory of Ethics, trans. , 4th revised ed. London: Kongmans, Green and Co. , 1889. p. 313.

与其对应的应该是遵循"烫平原则"的以长效机制为主的环境政策[①]。

　　本书在认知上对全球气候变化与"公地的悲剧"进行了比较研究，并创建了全球气候变化的认知比较框架，在此基础上修正了前人对全球气候变化的认识，可以说认知比较框架提供了一种具有哲学意义的思维范式，而且这一框架内的具体内容并非静止不变的，是随着人们对气候系统的进一步掌握、气候自身的变化趋势、国际政治格局的变化、利益群体的再组合以及其他各种影响因素的变化而动态变化的。通过研究，可以确定的是，气候变化问题并非一定带来"公地的悲剧"之恶果，甚至还有可能会带来喜果。本书通过基本假定、预期影响和解决方案三方面的认识建立起来的思维范式对人们重新审视新形势下的全球气候变化问题具有一定的指导意义。

　　总的来说，虽然本书认为全球气候变化的现有认知是一种"冥王星现象"，并否定了全球气候变化是"公地的悲剧"的观点，但并非否定了"公地的悲剧"这种现象的存在，也并非否定了全球气候变化的负面影响以及应该采取应对的积极措施，只是通过对全球气候变化所具有的特性进行深入分析建立起对它较为系统的认知框架。而前人的研究则大部分围绕在全球气候变化的科学机理和治理手段上，很少有从问题的本质，即问题的认知层面出发对它进行解构分析，只是粗略地认为它是

---

　　① 魏东：《贸易的环境影响：新型环境库兹涅茨曲线模型研究》，中国海洋大学博士论文，2007。

"公地的悲剧",将此作为一种思维定式和认知基础来寻找相应的解决方案。由于这种急于想解决问题的心情以及对问题认识的过于粗略和简单化的处理,使得人们的行动往往无法达到预期的效果。哈丁曾说"我们千百年来所作的就是行动再行动",即便由于缺乏经验而产生一些弊端①。但在行动前缺乏思考和对事物的盲目定论必将错误地指导人们的行动。既然有这样一种可能性可以对全球气候变化进行新的认知和理解,那么为何不在进一步行动前暂停脚步,冷静思考呢?如果本书论证无误,气候变化不是"公地的悲剧",那它到底是个什么问题?是属于全球化背景下的一种新型公地问题吗?

二　本书局限与未来研究方向

本书对于被普遍接受的前人的观点进行了修正,创建了全球气候变化与"公地的悲剧"的认知比较框架,并在此框架下通过两者间的比较分析进一步确立了全球气候变化并非"公地的悲剧"。当然其中一些观点也是仁者见仁、智者见智。本书虽然是对现有认知的修正和完善,但由于全球气候变化问题所牵扯的领域较广、较复杂,本书的论证仍然需要在以下几个方面进行改善,并希望在未来能够与其他学者对本书的观点进行共

---

① Rowland, Ian H. "Classical Theories of International Relations". *International Relations and GlobalClimate Change*, edited by U. Luterbacher and D. F. Sprinz, MIT Press, 2001. p. 56.

同探讨和检验，以提高对全球气候变化的认识的全面性。

首先，本书主要的局限表现在哲学性的论证还需加强。本书是对全球气候变化问题是不是"公地的悲剧"的再认识，但由于笔者的水平有限，加之所收集到的在该领域的中英文研究成果也较少，在寻找理论支撑上较为困难，因此本书在未来的完善中，仍需进一步加强认知这一哲学高度的研究，加强对本书观点的验证力度。

其次，全球气候变化与"公地的悲剧"在认知层面上的比较分析还有补充和完善的空间。本书的论证是建立在对全球气候变化原有认知系统的修正之上的，即在全球气候变化的认知比较框架下对它与"公地的悲剧"进行比较分析，而该框架主要包括三大方面八个特点，这在一定程度上很可能限制了人们对全球气候变化问题思考的范围。在未来的研究中，可以进一步对该框架内容进行拓展——不仅从与"公地的悲剧"在三大方面八个特点上的区别进行更深入的分析，还可以扩大为更多的方面和更深的层次，将全球气候变化的认知充盈得更加体系化，从而更好地回答上一节最后留给自己的疑问。

参考文献

[1] Craig D. Idso, Robert M. Carter, S. Fred Singer, *Climate Change Reconsidered*: 2011 *Interim Report* (Chicago: The Heartland Institute, 2011) .

[2] Elinor Ostrom, Joanna Burger, Christopher B. Field, Richard B. Norgaard, David Policansky, "Revisiting the Commons: Local Lessons, Global Challenges", *Science*, 284 (1999): 278 – 282.

[3] Elinor Ostrom, "A Polycentric Approach for Coping with Climate Change", Wolrdbank, 2009.

[4] Jouni Paavola, "Climate Change: The Ultimate 'Tragedy of the Commons'?", *Sustainability Research Institute Paper* No. 24, 2011.

[5] JT Houghton, BA Callander, SK Varney, *Climate change* 1992: *the supplementary report to the IPCC scientific assessment* (Cambridge: the Press Syndicate of the University of Cambridge, 1992) .

[6] J. T. Houghton, Y. Ding, D. J. Griggs, etc. , *Climate Change 2001: The Scientific Basis* (Cambridge: Cambridge University Press, 2001).

[7] Kathryn Harrison, Lisa Malntosh Sundstrom, *Global commons, domestic decisions: The comparative politics of climate change* (Boston: Massachusettes Institute of Technology, 2010).

[8] KH Engel, SR Saleska, "Subglobal regulation of the global commons: The case of climate change", *Ecology Law Quarterly*, (32) 2005: 183.

[9] Martin L. Parry, Climate Change 2007: Impacts, Adaptation and Vulnerability (Cambridge: Cambridge University Press, 2007).

[10] Nicholas Stern, *The economics of climate change: the Stern review* (Cambridge: Cambridge University Press, 2007).

[11] Stephen M. Gardiner, *A perfect moral storm: The ethical tragedy of climate change* (New York: Oxford University Press, 2011).

[12] Stephen M. Gardiner, "The Real Tragedy of the Commons", *Philosophy & Public Affairs*, (30) 2001: 387 - 416.

[13] Torsten Grothmanna, Anthony Pattb, "Adaptive capacity and human cognition: The process of individual adaptation to climate change", *Global Environmental Change*, (15) 2005: 199 - 213.

[14] Thomas Dietz, Elinor Ostrom, Paul C. Stern, "The Struggle to Govern the Commons", *Science*, 302 (2003): 1907 - 1912.

［15］ Thomas F. Stocker, Dahe Qin, Gian – Kasper Plattner, etc. , *Climate Change* 2013：*The Physical Science Basis* (Cambridge：Cambridge University Press, 2013) .

［16］ Wang Jingmin, Wei Dong, "Cognition Research on Global Climate Change", *China Population*, *Resources and Environment*, (18) 2008：58 – 63.

［17］ Wang Jingmin, "Compromises of Bali Roadmap", Chinese Journal of Population Resources and Environment, (6) 2008：27 – 32.

［18］〔澳〕大卫·希尔曼、约瑟夫·韦恩·史密斯：《气候变化的挑战与民主的失灵》，武锡申、李楠译，社会科学文献出版社，2009。

［19］《第二次气候变化国家评估报告》编写委员会：《第二次气候变化国家评估报告》，科学出版社，2011。

［20］ 基础四国专家组：《公平获取可持续发展—关于应对气候变化科学认知的报告》，知识产权出版社，2012。

［21］〔美〕埃莉诺·奥斯特罗姆：《公共事物的治理之道：集体行动制度的演进》，余逊达、陈旭东译，上海译文出版社，2012。

［22］〔美〕安德鲁·德斯勒、爱德华·A·帕尔森：《气候变化：科学还是政治?》，李淑琴译，中国环境科学出版社，2012。

［23］〔美〕C. D. 伊迪梭、〔澳〕R. M. 卡特、〔美〕S. M. 辛格：《气候变化再审视——非政府国际气候变化研究组报

告》，张志强等译，科学出版社，2013。

[24] ［瑞典］克里斯蒂安·阿扎：《气候挑战解决方案》，杜
　　珩、杜珂译，社会科学文献出版社，2012。

[25] 孙振清：《全球气候变化谈判历程与焦点》，中国环境出
　　版社，2013。

[26] 世界银行：《2010 年世界发展报告：发展与气候变化》，
　　清华大学出版社，2010。

[27] 王伟光、郑国光编《气候变化绿皮书：应对气候变化报告
　　（2011）——德班的困境与中国的战略选择》，社会科学
　　文献出版社，2011。

[28] 王伟光、郑国光编《气候变化绿皮书：应对气候变化报告
　　（2013）——聚焦低碳城镇化》，社会科学文献出版
　　社，2013。

[29] 谢振华编《中国应对气候变化的政策与行动：2012 年度
　　报告》，中国环境出版社，2013。

[30] 〔英〕戴维·赫尔德、安格斯·赫维、马丽卡·西罗斯：
　　《气候变化的治理—科学、经济学、政治学与伦理学》，
　　谢来辉等译，社会科学文献出版社，2012。

[31] 〔英〕奈杰尔·劳森：《呼唤理性：全球变暖的冷思考》，
　　戴黍、李振亮译，社会科学文献出版社，2011。

附件1 联合国系统结构图

（来自联合国官方网站资料：http：//www.un.org/chinese/aboutun/chart.html）

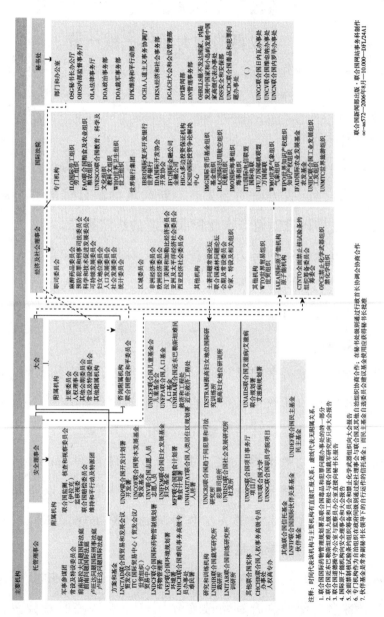

附件2 绿色和平自1971年至2009年开展环保行动以来在减缓温室气体排放方面取得的重大环保成就一览

（来自绿色和平官方网站：http://www.greenpeace.org/china/zh/about/victories）

1. 国际成就

2009 推动飞利浦公司出台产品回收新政策，成为该行业在电子废物回收方面的领先者。新政策的制订标准甚至超出了许多国家对电子废物回收政策的法定标准。

2009 经过十余年的努力，保护大熊雨林协议在加拿大正式生效，此协议的执行将保护近半个瑞士面积大小的森林不被砍伐，为绿色和平奋斗时间最长的一个项目画下了完美的句号。

2009 发布《被屠宰的亚马逊》报告，推动了耐克和Timberland公司发布新政策，保证自己品牌的鞋子的皮革不会来自破坏亚马逊森林并导致气候变化的畜牧业。

2009 获得"拯救世界"奖。主办方评价绿色和平：有自己的方式，但毫无疑问是成功的。我们感谢他们以不屈不挠的精神让全世界都关注和警醒到《京都议定书》以及日益严重的环境问题。

2008 仅三周时间，绿色和平通过密集的行动与115000个网上签名，促使联合利华改变立场转而支持临时禁伐令，停止在印度尼西亚为建立油棕榈种植园而大肆砍伐森林。

2008   通过行动成功促使阿根廷政府发布禁令，禁止使用浪费
能源的白炽灯泡。

2007   在绿色和平发表报告《瓜分刚果》，首次曝光翱兰国际有
限公司（Olam International Limited）参与非法木材贸易
后，世界银行的借贷机构国际金融公司（IFC）决定出售
其掌握的翱兰的股权。

2007   由于绿色和平及遍布全球的苹果粉丝发起的一场网络活
动，苹果公司宣布在产品中淘汰使用一些最危险的化学
品。该活动要求苹果在解决电子垃圾问题方面做出表率，
曾获得被称作"网络奥斯卡奖"的 Webby Award。

2006   揭露巴西大面积破坏亚马逊森林改种大豆，成功促使麦
当劳停止购买来自亚马逊雨林的大豆鸡饲料。全球最大
的四家大豆生产企业接纳绿色和平的建议，暂停在亚马
逊森林改种大豆。

2006   成功促使西班牙政府承诺放弃核能。

2006   推动巴西政府保护 440 万公顷的亚马逊雨林。

2006   经过 10 年的努力，加拿大政府终于将 200 万公顷的大熊
雨林设为保护区。

2005   成功促使三星（Samsung）、诺基亚（Nokia）、索尼（So-
ny）和爱立信（Ericsson）公司承诺逐步停止在产品中使
用有毒化学物质。

2005   成功促使施乐（Xerox）公司宣布不购买用原始森林木材
生产的纸张。

2005 应对全球气候变化的《京都议定书》开始生效。而绿色
和平，是《京都议定书》最主要的推动者之一。

2004 联合利华、可口可乐和麦当劳等跨国公司承诺逐步淘汰
他们的冷冻设备中对臭氧层有害的化学物质。

2004 韩国电器生产巨头三星电器发表声明，将逐步淘汰其产
品中的危险化学物质。

2003 在绿色和平的协助下，巴西亚马逊地区的原住民丹尼族
通过标记自己的土地，成功阻止森林进一步被砍伐。

2003 联合国同意制裁利比亚存在的非法伐木行为。

2002 在非法伐木和木材贸易的规模被揭露出来后，巴西宣布
禁止出口桃花心木。

2002 在日本之后，欧盟国家通过并落实旨在制止气候变迁的
"京都议定书"。

2000 八大工业国在绿色和平的游说下，承诺严禁出口及采购
非法砍伐的木材。

1999 绿色和平成功游说巴西政府，通过环境犯罪法例，严禁
使用非法从亚马逊森林取得的木材。

1999 宜家家居承诺只采用由森林认证机构 FSC 认可的木材，
取代在原始森林砍伐的木材。

1998 奥斯陆巴黎会议（OSPAR）接受绿色和平的提议，逐步
减少放射性及有毒物质的排放。

1997 各国部长签署《京都议定书》，制定具有法律效力的减排
温室气体目标。

1997 绿色和平研制的家用冰箱 "Greenfreeze"，因不含破坏臭

氧及导致全球变暖的化学物质，获得联合国环境规划署颁发的"保护臭氧层大奖"。

1996　绿色和平与威龙公司共同研制出"SmILE"型号汽车，能减排二氧化碳达 50% 。

1995　联合国教科文组织通过绿色和平的申请，将俄罗斯的科米森林列为世界自然遗产。

2. 在中国的成就

2009　发布了《气候何价——暴雨下香港的经济损失》报告，指出 2008 年 6 月 7 日香港一天的黑雨就导致至少 5.78 亿港元的经济损失。绿色和平要求香港政府尽快制订全面应对气候变化政策，减少极端天气危机对市民与社会的影响。

2009　发布《气候变化与贫困》报告，首次集中反映了气候变化与中国的贫困问题和扶贫工作的关系，成为中国应对气候变化工作中的重要文献。

2009　创办《生态农业简报》，收集国内外相关科学文献进行摘编，揭露化学农业对环境和农民生计的威胁，以及生态农业对保护环境和保障农民生计的益处。为相关科学家提供信息交流的平台，为政府部门提供制订农业政策的参考资料。

2009　发布了《中国发电集团气候影响排名》报告，指出中国电力行业对煤炭的过度依赖，阻碍了中国更加积极的应对气候变化。绿色和平呼吁发电集团大力提高能效和发展可再生能源，以帮助中国减少温室气体的排放，并成为世界绿色清洁能源的超级大国。

2009　绿色和平"爱书人爱森林"项目获得非国有书业工作委员颁发的"绿色出版"奖。推动北京弘文馆出版策划有限公司和北京先知先行图书发行有限公司率先签署"绿色出版承诺书"，使用森林友好型纸张印刷书籍，并承诺三年内对适宜的出版物全部用再生纸印制。目前绿色和平已成功推动 10 本共计 34 万册的书籍用 100% 再生纸印刷，共计减少了 750 吨的二氧化碳排放量。奖项肯定了该项目对推动国内绿色出版事业所作出的贡献。

2009　发布 2009 版《好木材　好生意——绿色木材材种速查手册》号召中国木材企业采购绿色木材，为中国木材企业提供负责任采购的切实指导。

2009　9 月 22 日，在香港首办"无车日"，成功迫使特首曾荫权及特区三司十二局的问责官员一同响应，当天以步行或乘坐公共交通上班，减少温室气体排放。"无车日"共得到 57 个机构、98 个屋苑、15 所学校的支持和近两万人响应。

2009　以世界卫生组织最严谨的标准为基础，推出 iPhone 版的"空气污染真相指数"，让市民随时随地通过移动电话检测空气质量，同时促使政府加快改善空气质量。"指数"成功吸引超过 2700 名市民下载，曾高居全港 iPhone 免费应用程序排行榜。

2009　针对个人生活的减排行为提出具体且创新的减排建议，推出香港第一份民间应对气候变化方案，吸引超过 3 万名香港市民登记成为绿色和平"气候英雄"。

2009 发布《见证金光集团毁林三十年》报告，用最新的证据指出金光集团 APP 的 3 个纸制品品牌含有来自印度尼西亚热带雨林的成分，与其对外宣称的"绿色承诺"相悖。报告同时指出，金光集团 APP 进入造纸业行业 30 年来，导致了大量热带雨林走向毁灭，并加剧了全球气候变化危机。

2009 在关键的哥本哈根气候变化谈判大会前，绿色和平在北京的永定门城墙、地坛公园和国外驻华使馆以及香港特首府前举办系列活动，吸引了中国（包括港澳地区）近 10 万名普通公众加入拯救气候的行动。中国在 11 月出台的 2020 年碳排放强度降低目标也成为当年最重要的气候行动承诺之一。

2008 协助沈阳市环保局出台了《沈阳市环境保护信息公开办法实施细则（试行）》，这是中国第一个地方性的环境信息公开法规，给予公众更多获得环境信息的权利，尤其是水污染排放相关的环境信息。

2008 发布了《煤炭的真实成本》报告，首次计算出煤炭使用造成的环境、社会和经济等外部损失。国家发改委随后表示，煤炭价格改革是必然的方向。

2008 成功推动可口可乐公司，承诺为 2008 北京奥运会提供的所有冷藏设备，全部不使用引起全球暖化的制冷剂，而改用环境友好的自然制冷剂，并于 2010 年前在全球市场投入 10 万台自然制冷冰柜。

2008 在香港推出《空气污染真相指数》，引起公众对香港空气污染的关注，并成功迫使香港特区政府承诺根据世界卫生组织指引修订香港过时的《空气质量指标》。

2008 与多家环保组织一起，成功推动绿色证券政策的加强与落实，公众参与令涉嫌环境破坏的金光集团 APP 旗下金东纸业上市受阻。

2008 在香港推出《爱书人·爱森林》项目，首次参与香港书展，并邀得 12 位本地作者及 1 个非政府组织承诺日后印刷时使用森林友好型纸张，促使一家出版社于 2008 年内推出两本以 100% 再造纸印制的书籍。

2008 对 2008 年北京奥运会的环境工作进行独立评估，并发布《超越北京，超越 2008——北京奥运会环境评估报告》。国际奥组委给予明确响应，表示将把绿色和平的建议纳入今后持续的评估体系中。

2008 发起大规模的公众参与项目"拯救森林，筷行动"，成功与超过两万市民一起行动，说服了北京近 500 家饭店承诺停止提供一次性筷子。

2008 发布由中国权威专家撰写的《气候变化与中国粮食安全》报告。指出气候变化正在威胁中国粮食安全，可能导致 20 年后中国无法实现粮食自给。

2007 成功游说中国最大的家居建材零售商百安居（B&Q）承诺在中国不销售任何可能来自非法采伐的木制品，并保证到 2010 年其在华所销售的全部木制品来自经过认证的可持续的森林资源。

2007 经过三次对珠峰及黄河源地区的实地考察，绿色和平公布了青藏高原冰川消融的考察结果，并呼吁只有全世界采取行动控制温室气体排放，冰川快速退缩的趋势才能得到缓解，使中国乃至亚洲数亿人口免受断水之忧。

2006 发布了历时一年研究的调查报告，揭露中国及欧洲木材企业进口来自天堂雨林的非法木材。而中国外交部表示，中国将与其他国家共同打击非法木材的贸易，英国、比利时及法国等国公司承诺不再购买来自天堂雨林的非法木材产品。

2006 全国人民代表大会通过《可再生能源利用法》，鼓励可再生能源在中国的应用。绿色和平作为唯一的非政府组织被邀请参与了该法的咨询过程。

2005 绿色和平在中国被《南方周末》和《南风窗》杂志分别评选为"年度非政府组织"和"年度组织奖"。

2005 推动中国政府制定及颁布世界上第一部《可再生能源法》。

2005 揭露香港新界地区存在国际电子垃圾转运中心，并通过行动要求惠普公司尽快公开承诺产品无毒化。另外，已成功得到三星、诺基亚、新力、新力爱立信和 LG 等大型电子企业产品无毒化的公开承诺。

2005 揭发造纸业巨头印尼金光集团 APP 在海南省非法毁林，再次掀起社会舆论对保护森林及环保事业的关注。金光集团最后终于向国家林业局承认毁林行为，并承诺往后遵守中国法律。

2004 在绿色和平、其他环保团体和公众舆论的压力下，香港红湾半岛地产发展商撤销拆红湾半岛的决定。

2004　香港最大的电力公司"中华电力"发表的《改善空气，善用能源》计划，首次明确于 2010 年达到 5% 的可再生能源目标。

2004　绿色和平揭发印尼金光集团 APP 在云南省大规模非法伐木。

2004　中国绿色和平与欧洲风能协会共同发表"于 2020 年前全球达到 12% 风能发电"的蓝图。

2004　在香港成功推动空气污染项目，得到立法会议员的支持并对其进行质询，要求采纳国际标准，检讨香港的"空气质量指标"。

2004　中国政府公布未来 10 年的一项重大计划，即发展成全球风能大国，力求在 2010 年前，国内可再生能源的装机容量占全国总装机容量的一成。

2002　编译"零废物"废物管理报告，将"零废物"的管理概念引入香港。

2002　在中国万里长城举行史无前例的行动，宣传保护原始森林的理念。

2001　在香港，与工会及小区组织组成"绿领联盟"，推动减废及回收，并发动屯门居民组成"反焚化大联盟"。

1998　极力推动"反有毒物质"项目，成功使香港特区政府承诺，全面禁止有毒废料进口。

1998　绿色和平向中国著名家电生产商科龙引进"Greenfreeze"技术，促其为中国及海外市场生产环保冰箱。

后　记

记得是从 2004 年开始关注气候变化问题，那时的我还是"环境规划与管理"专业博士一年级学生。基于对该问题的兴趣和研究，我最终完成了博士论文，并顺利毕业。毕业典礼前后，一位教过我的令人尊敬的李教授多次和我说起：博士论文不出专著很可惜，你的毕业论文要争取早日出版。那时还没有体会到李教授的用意，只觉得出书是一种特别了不起的事情，我等初出茅庐者，哪敢企及。而毕业之后接踵而来的工作、家庭、孩子又让我忙得不亦乐乎，于是，有好长一段时间将出书的事情忘诸脑后。不过，有件事情一直没有忽略，那就是持续关注气候变化问题的动向，尤其是国际社会对于如何解决该问题所提出的各类主张和方案。

面对《京都议定书》第一减排期到期未能达到当初设定的目标，同时第二减排期各国减排任务的确认在一次次国际博弈中无法形成共识等现实，李教授的建议重新回到了我的考虑之中。我突然意识到，其实无论拙作好坏，拿出来让大家哪怕是"拍砖"，也可能对重新审视全球气候变化问题进而形成解决方案有那么一点点助益。于是，年初开始动工对 5 年前的文章进行"修缮"。这个过程是痛苦的，发现原来年轻时写的文字着实有些幼稚，需要修改的地方很多，而且 5 年来的数据和进展也需要重新收集、整理并更新，以确保本文的时效性；然而，这个过程又是快乐的，因为这番工作让我对气候变化问题的认知有了新的收获。如果说 2007 年很少能找到对"气候变化是'公地的悲剧'"这一认识的研究和深入讨论的话，那么 2007 年之后则出了些许新的研究，包括对该观点的质疑。我想这与《京都议定书》以及之后轮番的国际谈判未能达到预期效果有关，越来越多的学者开始关心其内在原因，并从理论的根源之处去探寻答案。另外，国际形势的风云变幻也为该文的"修缮"提供了更多的养分。比如在对待气候变化问题的世界六大利益群体的归纳总结中，原本并没有把加拿大和美国归纳到一起，但由于 2011 年加拿大成为了第一个正式加入又正式退出《京都议定书》的国家而改变了格局，引起我对这两个国家共性的思考，从而改写了部分内容。

　　所以，在此由衷地感谢李凤岐教授当年给我的建议和提点，让我有了这一次不同寻常的经历。也感谢所有支持我、鼓励我、陪伴我走到现在的亲人、朋友、老师、学生，还有领导、同事；感谢曾繁仁教授为本书所做的序言；感谢最终使这一想法落实到纸面上的社会科学文献出版社的编辑朋友们。

　　此书缘起如是，是对自己一个阶段思考的总结，也将伴随着一个新的开始。

　　　　　　　　　　　　　　　　　　　　　　　王璟珉

　　　　　　　　　　　　　　　　　　　　2013 年 12 月 20 日

图书在版编目（CIP）数据

公地的悲剧？：气候变化问题的认知比较研究／王璟珉著．
—北京：社会科学文献出版社，2013.12
ISBN 978 - 7 - 5097 - 5553 - 2

Ⅰ.①公…　Ⅱ.①王…　Ⅲ.①气候变化 - 全球问题 - 研究
Ⅳ.①P467

中国版本图书馆 CIP 数据核字（2013）第 314033 号

公地的悲剧？
——气候变化问题的认知比较研究

著　　者／王璟珉

出 版 人／谢寿光
出 版 者／社会科学文献出版社
地　　址／北京市西城区北三环中路甲 29 号院 3 号楼华龙大厦
邮政编码／100029

责任部门／经济与管理出版中心（010）59367226　　　责任编辑／张景增　刘宇轩
电子信箱／caijingbu@ ssap. cn　　　　　　　　　　责任校对／宝　蕾
项目统筹／恽　薇　　　　　　　　　　　　　　　　责任印制／岳　阳
经　　销／社会科学文献出版社市场营销中心（010）59367081　59367089
读者服务／读者服务中心（010）59367028

印　　装／三河市尚艺印装有限公司
开　　本／787mm×1092mm　1/16　　　　　　　　印　　张／13
版　　次／2013 年 12 月第 1 版　　　　　　　　　　字　　数／136 千字
印　　次／2013 年 12 月第 1 次印刷
书　　号／ISBN 978 - 7 - 5097 - 5553 - 2
定　　价／49.00 元